はじめに

　内部に空間を持つ中空粒子は，低密度，高比表面積，低熱伝導，高電気抵抗，低誘電率といった中実粒子と異なる種々の性質を有する。これらの性質を活かし，古くから軽量材，断熱材，複合材料，色材などの広い分野で応用されている。また，シェル厚みが制御されたメソまたはマクロ多孔性中空粒子は，分離材やカプセル材として使用され，ドラッグデリバリーの機能発現や，酵素やプロテインの過敏応答性を保護するために用いられている。コアとシェル材料間の大きな屈折率差により生じる光学特性もユニークな特性と言えよう。この性質を応用し，中空粒子は電子材料，光学材料やコーティング材などとして用いられている。以上のように，中空粒子は，これまで多用されてきた中実粒子と比較して，多くの特徴を持ち，これらの特徴を活かした多くの用途が考えられている。さらに，ナノサイズの中空粒子が市販されるようになったことから，種々の応用研究が益々盛んになっている。この中には従来のミクロンサイズの中空粒子では成しえなかった特異な性質を発現することによる応用例もある。ナノ中空粒子は，内部空間と外部空間がシェルによって遮蔽されている。実際に遮蔽できるかどうかは，シェルの構造や密度，透過する物質とシェルとの化学的相互作用に依存する。すべての物質が透過できないようなシェル構造をもつ中空粒子であると仮定し，中空粒子内部に常温常圧の空気が理想気体として存在した場合の中空内部の体積とそこに存在する分子の数を計算すると，当然のことながら，粒子のサイズが小さくなると分子の存在数が減少する。内径が 50 nm では分子数 3000 程度であるのに対し，10 nm になるとわずか分子数 25 程度である。原子が存在する数密度としては同じであるが，空間体積が小さくなると，中空内部に存在する空気を連続体として取扱うことが難しくなることが想定できる。常温常圧での空気の平均自由工程は約 70 nm であることを考慮すると，平均自由工程の以下の直径を持つ小さな空間に閉じ込められた空気は大気下の空気とは異なり，運動が制限されていることが予見できる。さらに，ナノサイズ中空粒子の内部体積に対して内部表面積の比率が高い。すなわちシェル内側の表面ポテンシャルが内包する分子を吸着するなど，分子運動に影響を与える可能性がある。これは，内部空間体積が小さい，すなわち粒子サイズが小さいほど効果が高いといえる。これらのことは，ナノサイズ中空粒子に特異な性質を発現させる可能性を高めていると思われる。このような背景から，中空粒子の研究者，開発者の数も増え，種々の中空粒子の合成法および応用が周辺関連研究も含め大きく前進しつつある。まだそのポテンシャルの全容は見えていないと思うが，現段階で整理することも有用だと思われた。そこで「中空微粒子の合成と応用」を取り纏めることとした。この本が，今後の中空粒子研究の礎となれば幸いである。

2016 年 11 月

名古屋工業大学　先進セラミックス研究センター

藤　正督

普及版の刊行にあたって

　本書は 2016 年に『中空微粒子の合成と応用』として刊行されました。普及版の刊行にあたり，内容は当時のままであり加筆・訂正などの手は加えておりませんので，ご了承ください。

　2023 年 8 月

シーエムシー出版　編集部

中空微粒子の合成と応用

Syntheses and Applications of Hollow Fine Particles

《普及版／ Popular Edition》

監修 藤 正督

シーエムシー出版

執筆者一覧 （執筆順）

藤　　正督　名古屋工業大学　先進セラミックス研究センター　教授

福井有香　慶應義塾大学　理工学部　応用化学科　高分子化学研究室　助教

藤本啓二　慶應義塾大学　理工学部　応用化学科　高分子化学研究室　教授

片桐清文　広島大学　大学院工学研究院　物質化学工学部門　応用化学専攻　准教授

松田厚範　豊橋技術科学大学　大学院工学研究科　電気・電子情報工学系　教授

遊佐真一　兵庫県立大学　大学院工学研究科　応用化学専攻　准教授

石井治之　東北大学　大学院工学研究科　化学工学専攻　助教

谷口竜王　千葉大学大学院　工学研究科　准教授

仲村龍介　大阪府立大学　大学院工学研究科　物質化学系専攻　マテリアル工学分野　助教

高井千加　名古屋工業大学　先進セラミックス研究センター　特任助教

大谷政孝　高知工科大学　環境理工学群・総合研究所　講師

小廣和哉　高知工科大学　環境理工学群・総合研究所　教授

荻　　崇　広島大学　大学院工学研究院　物質化学工学部門　化学工学専攻　准教授

岡田友彦　信州大学学術研究院(工学系)　准教授

土屋好司　東京理科大学　総合研究院　プロジェクト研究員

酒井秀樹　東京理科大学　理工学部　工業化学科／総合研究院　界面科学研究部門　教授

幕田寿典　山形大学　大学院理工学研究科　准教授

冨岡達也　名古屋工業大学　先進セラミックス研究センター　プロジェクト研究員

遠山岳史　日本大学　理工学部　物質応用化学科　教授

飯村健次　兵庫県立大学　大学院工学研究科　化学工学専攻　准教授

長嶺信輔　京都大学　大学院工学研究科　准教授

突廻恵介　JSR㈱　機能高分子研究所　機能化学品開発室　主査　（テーマリーダー）

村口　良　日揮触媒化成㈱　R＆Dセンター　ファイン研究所　所長

中村皇紀　関西ペイント販売㈱　建築塗料販売本部

執筆者の所属表記は、2016年当時のものを使用しております。

目　　次

第1章　有機粒子テンプレート

第2章　無機粒子テンプレート

第3章　エマルションテンプレート

第4章　バブルテンプレート

第5章　噴霧法

第6章　応用

第1章　有機粒子テンプレート

1　リポソームを鋳型とした中空微粒子の合成

福井有香[*1]，藤本啓二[*2]

1.1　はじめに

　中空微粒子は，内部に外部と隔絶された微小な空間を有しており，境界にはカプセル層が存在している。内部空間には機能性物質を保持することができ，カプセル層を介した放出の制御が行われている。また，内部空間を微小な反応場として利用することもできる[1]。中空微粒子の創製においては，サイズと形状，カプセル層を構成する物質，膜厚，微細構造など多様なデザインと機能創出が考えられる[2]。図1に中空微粒子の代表的な作製方法を示す。物理化学的方法として高分子の相分離を利用する方法があり，その一例としてコアセルベーションによるカプセル層の形成をあげることができる。また，析出・沈殿・凝固などを利用した方法として液中乾燥法があり，エマルション中の液滴から溶媒を蒸発させてカプセル素材を析出あるいは沈殿させることによって中空化を行うことができる。また，金属，無機，高分子などの粒子をテンプレートとして，表面にシェルを形成させた後に，焼成，溶媒抽出などによってテンプレートを除去し，カプセル

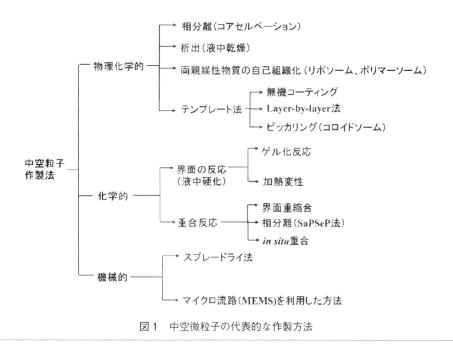

図1　中空微粒子の代表的な作製方法

＊1　Yuuka Fukui　慶應義塾大学　理工学部　応用化学科　高分子化学研究室　助教

＊2　Keiji Fujimoto　慶應義塾大学　理工学部　応用化学科　高分子化学研究室　教授

を得る方法（テンプレート法）がある。この方法では，コア粒子のサイズによって，ナノからマイクロメートルの範囲で中空微粒子のサイズの調節が可能である。テンプレートとして，ベシクル[3]，バブル[1]，細胞[5]などの研究が報告されている。これらは中空構造であるためコア部を除去する必要がなく，さらにテンプレート由来の機能も合わせ持つカプセルとして注目されている。一方，化学的方法としては，重合，ゲル化などの化学反応を利用してカプセル層を形成する方法があり，その例としてゲル化剤を含む溶液に液滴を滴下してカプセル層を形成する方法（液中硬化法），エマルション界面で重縮合を行う方法（界面重縮合法）および重合反応中におけるポリマーの析出を利用してカプセル層を形成する方法（in-situ 重合法）があげられる。これらの方法以外にも，マイクロ流路などを利用した機械的な方法によって中空微粒子を作ることができる。本稿では，テンプレートとしてベシクル構造のリポソームを用いる中空微粒子の作製技術について紹介する。

1.2 テンプレートとしてのリポソーム

リポソームは，両親媒性分子であるリン脂質の二分子膜からなる中空微粒子であり，リン脂質の親水性部はカプセル層の外部と内部の水相にそれぞれ配向し，疎水性部はカプセル層の内部で会合して疎水場を形成している。そのため，リポソームの中空部（水相）には水溶性の物質と脂質膜部には脂溶性の物質を同時に封入できる。また，リポソームは脂質組成の選択とサイズの調節ができ，ある程度の生体親和性も期待できるため，医薬品，化粧品，食品添加物などの分野で応用研究が行われてきた[6]。一方で，リポソームは流動性に富む構造（状態）であるため，外部からの機械的な作用だけでなく，光，pH，酵素による作用によってもダメージを受けることがある。そのため，膜の安定化に向けたアプローチとして，コレステロールを添加したり，水溶性の高分子鎖に疎水性基を導入して脂質膜内に挿入させることが行われている[7]。さらに膜表面の修飾も容易であるため，高分子鎖を膜表面に結合あるいは吸着させて，分散安定性の向上とともに特定部位へのアフィニティの付与が行われている[8,9]。近年では無機物質を表面に析出することで，有機無機ハイブリッド化も行われている[10]。また，リポソームの内部において疎水性モノマーを重合することで膜の安定化も可能である[11]。

脂質膜表面の改質技術については，生体システム（生体膜）から学ぶことが多い。細胞の形質膜やオルガネラはリポソームと同様にリン脂質のベシクル構造から構成されており，その表面はタンパク質，糖鎖などの生体高分子で覆われている。これら生体高分子はレセプターとしての機能など生命活動において重要な役割を担っているだけでなく，流動性といった脂質膜のダイナミックな構造に密接に関わっている[12]。例えば，膜に内在している酵素では，脂質膜の炭化水素部位との疎水性相互作用による構造の安定化に加えて，活性が脂質膜の厚みによって調節されている例がある[13]。また，脂質膜表面に吸着したペプチドの構造転移が，病気の発症に関与するといった報告もある[14]。このように，生体膜では，流動性に富んだ脂質膜と生体高分子との巧みな相互作用によって，機能発現の調節が行われている。われわれは，このような生体膜の動的なシ

ステムをモチーフとして，リポソームと高分子との新たな相互作用の構築という観点で，中空微粒子の作製と機能発現に取り組んだ。

1.3　リポソーム表面への交互積層化による中空微粒子（リポナノカプセル）の作製

　リポソームの表面修飾法として，交互吸着（layer-by-layer, LbL）法に着目した（図2）。この方法は，Decher らの考案した薄膜作製技術であり[15]，アフィニティを有する高分子鎖間の分子間相互作用を利用して，ポリマーを交互に積層させる方法である。Caruso らは，この技術を用いた中空微粒子の作製法を報告している[16]。この方法では，まず有機物あるいは無機物のコア粒子の表面に高分子の交互積層化を行うことによってコアシェル構造の粒子を作製する。次に内部のコア粒子を焼成，溶媒抽出などによって除去することによって中空化を行う。カプセル層を形成する高分子の選択と膜厚の制御によって，放出制御などの機能創出が期待できる。さらに，カプセル層の表面にも，アフィニティの付与，反応場の創出など新しい特性・機能の導入が期待できる。

　リポソーム表面への高分子の交互吸着の方法を以下に示す。まず，リポソームの分散液に種々の濃度の高分子溶液を添加して，所定時間後の吸着量を測定する。この際，吸着させた高分子を直接定量する方法と上清中に残存している高分子を定量する方法がある。多くの場合，単位面積当たりの吸着量として表す。吸着後の溶液中の高分子の濃度（平衡濃度）を横軸に，吸着量を縦軸にプロットした吸着等温線を作成し，吸着挙動と吸着様式について検討を行う。さらに得られたナノサイズの中空微粒子（リポナノカプセル）の評価としては，水中における流体力学的半径の変化，積層に伴う表面電位（ゼータ電位）の変化，赤外（IR），紫外・可視光（UV-VIS），円二色性（CD）など分光学的測定によるカプセル膜の組成および構造解析，脂質膜の流動性の変

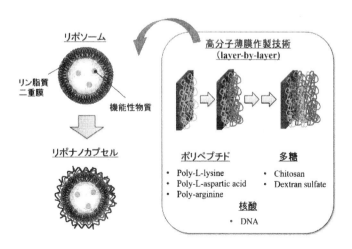

図2　リポソームと高分子薄膜作製技術から発想した
　　　リポナノカプセルの作製

化，カプセル層の構造安定性評価，乾燥させたカプセルの透過型（TEM）および走査型（SEM）
電子顕微鏡による内部および表面形態の観察など，基礎的検討を行う。

　ここでは，天然由来の素材からなる中空微粒子の作製を目指して，積層化する高分子として，
ポリペプチド，多糖およびデオキシリボ核酸（DNA）といったバイオ高分子を選択した。図3に
具体的なマテリアルデザインを示す。負電荷を有するナノサイズのリポソームをテンプレートと
して，その表面に静電相互作用を利用して正電荷と負電荷の高分子電解質を交互に吸着させるこ
とによって，リポナノカプセルを作製した[17, 18]。さらに，後述するようにリポナノカプセルの表
面を反応場として，リン酸カルシウム（CaP）の析出を行い，無機コーティングによる有機無機
ハイブリッドリポナノカプセルの作製を行った[19]。

　まず，酸性脂質である dilauroyl phosphatidic acid（DLPA）に中性脂質である dimyristoyl
phosphatidylcholine（DMPC）を混合して，コア粒子となる負電荷を有するリポソームの作製を
行った。最初にミクロンサイズの多重層リポソームを作製し，ポアサイズの異なる多孔質膜を透
過させて，ナノメートルスケールで均一サイズのリポソームを作製した。この際，脂質の組成比
を変えることで，表面の電位を調節することができた。このリポソーム表面に，カチオン性ポリ
ペプチドである poly-L-lysine（PLL）の吸着を行ったところ，PLL 濃度の増加とともに，吸着
量は増加して Langmuir 型の等温線を描き，ある濃度以上で吸着量が一定になった。このとき，
高分子が単層でリポソームの表面を被覆していると考えられる。他の高分子に対しても，このよ
うに単層吸着となる条件で積層を行った。PLL の吸着量については，リポソームの DLPA 含有
量，すなわち表面の電荷密度，さらに吸着温度によって調節することができた。次に，カプセル
層の構造についての知見を得るために，ここでは PLL の構造変化に注目した。PLL の二次構造
は外部環境（pH，温度）によって変化することが知られている。そこで円二色性測定を行った
ところ，PLL は吸着に伴い，ランダムコイルから β－シートへと，二次構造が変化した[17, 20]。こ
れは負電荷を示すリポソーム表面への吸着によって，PLL の電荷が相殺されるとともに，表面
の高い流動性によって，PLL の構造転移が容易になったことによると考えられる。

　次に，PLL を吸着させたリポソームに対して，アニオン性ポリペプチドである poly-L-
aspartic acid（PAsp）の吸着を行い，二層目の形成を行った。さらに続いて，PLL と PAsp を

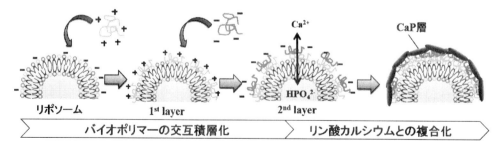

図3　リポソームへのバイオポリマーの交互積層化によるリポナノカプセルの作製と
リン酸カルシウムとの複合化による有機無機ハイブリッド化

交互に吸着させたところ，PLL吸着時とPAsp吸着時のゼータ電位がそれぞれ正と負になり，交互吸着の進行を確認することができた。また，カチオン性多糖であるキトサン（CHI）とアニオン性多糖であるデキストラン硫酸（DXS）を用いた場合も同様に交互吸着によってリポナノカプセルを作製することができた。これらナノカプセルをTEMによって観察したところ，高分子の吸着後もリポソーム由来の球状および中空構造が維持されていることがわかった。また，カプセルの構造安定性を検討するために，ノニオン性界面活性剤であるTriton-X 100を添加したところ，未修飾のリポソームは脂質膜の可溶化が起こり，カプセル構造が崩壊したのに対して，リポナノカプセルではカプセル構造が維持された。また，高分子の吸着量や積層回数を増加させることによって，カプセル構造の安定性を向上させることができた。

1.4　リポナノカプセルの機能：物質の封入・放出制御

　リポナノカプセルのバイオマテリアルへの応用展開を考えて，内部空間への機能性物質の保持と外部刺激による放出制御についての検討を行った。リポナノカプセルへの物質の封入では，あらかじめリポソーム作製時に物質を封入させ，それからカプセル層を形成させる。アニオン性の蛍光物質である1-hydroxypyrene-3,6,8-trisulfonic acid（HPTS）を封入し，その保持性と放出性について検討を行った。図4に示すように，未処理のリポソームでは72時間後に保持量の30-40％が放出された。しかし，この表面にPLLを積層させると放出が著しく抑制され，続いて2層目のPAspを積層させると，さらに放出性が低下した。骨粗鬆症の治療薬であるアレンドロネート（両性）とノニオン性のグルコースについても放出挙動を検討したところ，HPTSと同様の傾向がみられ，封入物質の電荷に関係なく，放出の抑制が見られた。カプセル層によって拡散が抑制されたことによると考えられる。さらに脂質膜の流動性測定から，リポソームに比べてリポナノカプセルの膜流動性は顕著に低下しており，積層化によってリポソーム自体の運動性が抑えられて物質透過性が低下したことも要因だと考えられる。

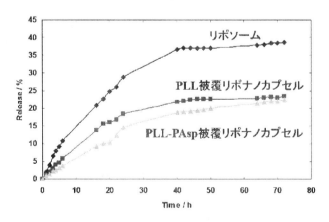

図4　未修飾リポソームとリポナノカプセルの物質放出挙動
（pH 7.4, 25℃, DLPA／DMPC＝0.5/0.5）

　次にカプセル層の物質透過性を変化させて，放出性を調節することを試みた。ここでは，DNA が昇温によって二本鎖から一本鎖へと状態変化（解離）するという挙動に着目し，DNA を最外層に有するリポナノカプセルの作製を行った。まず，リポソームに CHI を吸着させ，次に DNA を吸着させて，リポナノカプセルを作製した。あらかじめ内部に物質を封入して，温度を 25℃ から 60℃ に昇温したところ，DNA を有するリポナノカプセルのみ，放出の促進がみられた。この際，DNA が脱着したことから，カプセル層の崩壊によって物質透過性が向上したと考えている。

1.5　リポナノカプセルの機能：細胞との相互作用

　バイオの分野において，薬剤，遺伝子などのキャリアの開発を考える際には，低毒性，非刺激性，生体適合性，細胞親和性などの特性を付与することが必要とされる。ここでは，リポソーム表面に積層化する高分子として生体適合性に優れた CHI，生体成分である DNA およびカチオン性ポリペプチドであるポリアルギニン（PArg）を選択した[21]。ここで PArg を最外層として選択した理由は，この高分子を構成しているアルギニン（Arg）のオリゴペプチドが細胞膜透過性を有しているためである。すなわち，PArg で被覆することによって，リポナノカプセルに細胞内移行性を付与することが目的である[22~24]。37℃ において細胞への取り込みについて検討したところ，未修飾リポソームに比べて PArg 被覆リポナノカプセルの取り込み量が増大した。また，4℃ では未修飾リポソームの取り込みは抑えられ，CHI 被覆リポナノカプセルでは細胞表面に付着している様子がみられた。一方，PArg 被覆リポナノカプセルは 4℃ においても細胞への取り込みが維持されていた。これは Arg ペプチドがエネルギー非依存的に高い細胞膜透過性を示すという結果と一致しており，細胞内移行性を有するリポナノカプセルを作製することができた。

1.6　リポナノカプセルの機能：組織化による膜構造体（バイオスキャフォールド）の作製

　カプセル材料は単独で用いられるだけでなく，多数のカプセルを組織化することによってフィルム，メンブレン，スポンジなどの三次元構造体を作ることができる。ここでは，すべて天然由来素材からなるリポナノカプセルを用いて，創傷被覆材や組織再生用の細胞足場材料に応用可能なバイオ基材（バイオスキャフォールド）の構築を試みた[21]。テンプレートとしてミクロンサイズの孔をもつ薄膜を用いてリポナノカプセルの組織化を試みた。図 5 に示すように，リポナノカプセルの分散液を多数のミクロンサイズの孔を有する銅メッシュに滴下し，水分の蒸発に伴って孔内を満たすようにカプセルを集積化させて，メンブレンの形成を行った。リポソームでは膜構造は得られず，PArg 被覆リポナノカプセルでは集積化はしたものの，一部が崩壊してしまった。そこで，カプセル間をより強固に架橋するために最外層に DNA を有するリポナノカプセルの作製を行った。DNA については，物理的な絡み合いや分子間力によってナノ粒子の組織化を促進させることが報告されている[25]。DNA 被覆リポナノカプセルを銅メッシュの孔に集積化させたところ，すべての孔にリポナノカプセルからなる均一なメンブレンが形成されていた。電子顕微

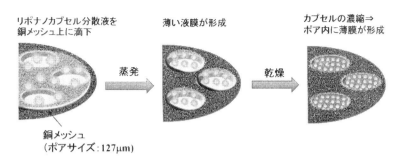

図5　ミクロンサイズの孔内へのリポナノカプセルの
集積化を利用した膜構造体の作製

鏡を用いて観察したところ，個々のリポナノカプセルが球状のカプセル構造を維持したまま集積化していることがわかった。このようなメンブレンは，細胞の足場材料としてだけでなく，個々のナノカプセルに様々な有効成分（薬剤，遺伝子，成長因子）を担持し，徐放させることが可能な多機能性バイオ基材としての展開が期待できる。

1.7　ミネラルコーティングによる有機無機ハイブリッドリポナノカプセルの作製

これまでは有機物質からなるリポナノカプセルについて述べてきたが，カプセル層として無機物質を選択することが可能である。これにより，無機物質の有する光学的，磁気的，機械的特性などに由来する機能をリポナノカプセルに付与することが期待できる。

われわれは，リン酸カルシウム（CaP）に着目して有機無機ハイブリッドリポナノカプセルの創製を試みた。CaP は生体内の骨や歯などの硬組織の主要無機成分であり，生体適合性の高い材料として知られている。また，酸性溶液中で溶解する特性や結晶表面にタンパク質，核酸など生体分子を吸着する機能を有している。Czernuska らは，溶液組成のコントロールによってリポソーム表面に CaP を析出する方法を開発している[10]。われわれは，カプセルからの物質の徐放性を利用したコーティング方法を考案した。これは，図6に示すように，カプセル内部にリン酸イオンを封入し，外液にカルシウムイオンを添加し，カプセル層を介したイオンの相互拡散を利用する CaP 析出法（Counter-diffusion 法）である[19]。この際，カルシウムイオンは最外層の負電荷を有する高分子に引き寄せられて，カプセル表面で濃縮されて CaP が生成される。骨形成において，タンパク質，多糖などの有機基質が CaP の結晶構造の一つであるハイドロキシアパタイト（HAp）の生成を促進する。また，溶液中では，高分子がテンプレートとなって，CaP の結晶成長をコントロールすることが知られている。そこでリポナノカプセルをテンプレートと位置付けて，高分子の種類や反応条件（pH，温度など）を変えて，CaP 層の結晶構造，形態などを調節することを試みた。

リポソーム自体と DNA 被覆リポナノカプセルをテンプレートとして用いた場合に，CaP がカプセル表面に析出し，ハイブリッド化させることができた。電子顕微鏡観察から，CaP 生成後

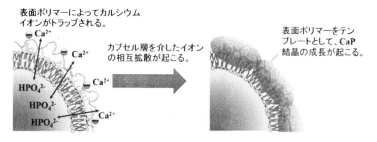

<Counter-diffusion法によるCaPコーティング>

表面ポリマーによってカルシウム
イオンがトラップされる。

カプセル層を介したイオン
の相互拡散が起こる。

表面ポリマーをテン
プレートとして、**CaP**
結晶の成長が起こる。

図6 Counter-diffusion 法による有機無機ハイブリッドリポナノカプ
セルの作製（カプセル層を介したイオンの相互拡散（counter-
diffusion）により，リポナノカプセルに CaP を析出させる。）

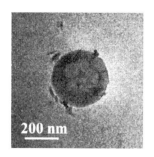

図7 DNA 被覆リポナノカプセルに CaP を析出させた
有機無機ハイブリッドリポナノカプセルの透過型
電子顕微鏡図

もカプセル構造が維持されていることがわかった（図7）。一方，DXS あるいは CHI を被覆した
リポナノカプセルの場合には，表面以外にも CaP の析出が多く見られた。これは，リポソーム
と DNA 由来のリン酸基と CaP に親和性があるため，結晶生成が限局されたと考えている。リ
ポソーム表面の CaP はアモルファスであったが，DNA 被覆リポナノカプセル表面の CaP は
HAp 様となり，表面層の違いによって結晶構造が異なることもわかった。これは，リポソーム
と比べて，DNA 被覆リポナノカプセル内部からのリン酸イオンの放出速度が遅いため，カプセ
ル表面で徐々に CaP 生成が進行して，熱力学的に最安定の結晶構造である HAp の生成につな
がったと考えている。また，DNA のリン酸基の配列と HAp の結晶面の元素の配列とがマッチ
ングして，結晶のエピタキシャル成長が促されて HAp 様になった可能性も考えられる。CaP は
結晶構造と形態によって，溶解性，表面特性などの物性が変わることから，今後は，CaP の溶
解に伴う物質の放出，生理活性分子の選択的濃縮・分離・除去などハイブリッドリポナノカプセ
ルには様々な機能創出が期待できる。

1.8　まとめ

　本稿では，リポソームをテンプレートとして，その表面に様々な生体高分子を積層化させることで，すべて天然由来素材からなるリポナノカプセルの作製について紹介した。このカプセルには，動的な流動性を有する脂質膜と高分子との相互作用に由来した機能発現が可能である。高分子の吸着により脂質膜の運動性を制御することで，徐放性や温度に応答したスイッチング機能を付与することができた。また，リポナノカプセルは「個としての機能」だけでなく，それらを組織化させて三次元構造体とすることで，組織再生や薬物徐放担体に応用可能なバイオスキャフォールドを構築することができた。さらに，リポナノカプセルの物質徐放性を利用して，カプセル層表面に CaP を析出し，有機無機ハイブリッドリポナノカプセルを作製することもできた。この際，表面の高分子の種類によって，CaP 層の厚みや結晶構造を精密に調節することができた。

　以上のように作製したリポナノカプセルは，生体適合性や生分解性に優れており，薬物や遺伝子ナノキャリアとして用いることが期待できる。さらに，高分子の種類や組み合わせを選択することができるため，目的・用途に応じた多種多様なカプセル素材の創製と機能の創発が期待できる。

文　　　献

1)　田中眞人，"ナノ・マイクロカプセル調整のキーポイント"，株式会社テクノシステム（2008）

2)　小石眞純，日暮久乃，江藤桂，"造る＋使うマイクロカプセル"，工業調査（2005）

3)　M. Ciobanu, B. Heurtault, P. Schultz, C. Ruhlmann, C. D. Muller, B. Frisch, *Int. J. Pharm.*, **344**, 154 (2007)

4)　G. Hadiko, Y. S. Han, M. Fuji, M. Takahashi, *Mater. Lett.*, **59**, 2519 (2005)

5)　A. Diaspro, D. Silvano, S. Krol, O. Cavalleri, A. Gliozzi, *Langmuir*, **18**, 5047 (2002).

6)　秋吉一成，辻井薫，"リポソーム応用の新展開－人工細胞の開発に向けて－"，株式会社エヌ・ティー・エス（2005）

7)　H. Ringsdorf, B. Schlarb, J. Venzmer, *Angew. Chem. Int. Edit.*, **27**, 113 (1988)

8)　H. Takeuchi, Y. Matsui, T. Niwa, T. Hino, Y. Kawashima, *Pharm. Res.*, **86**, 235 (1996)

9)　T. K. Bronich, S. V. Solomatin, A. A. Yaroslavov, A. Eisenberg, V. A. Kabanov, A. V. Kabanov, *Langmuir*, **16**, 4877 (2000)

10)　Q. G. Xu, Y. Tanaka, J. T. Czernuszka, *Biomaterials*, **28**, 2687 (2007)

11)　D. H. W. Hubert, M. Jung, A. L. German, *Adv. Mater.*, **12**, 1291 (2000)

12)　八田一郎，村田昌之，"生体膜のダイナミクス（シリーズ・ニューバイオフィジックス）"，共立出版（2000）

13) H. Sandermann, *Biochim. Biophys. Acta.*, **515**, 209 (1978)

14) A. Abedini, D. P. Raleigh, *Protein. Eng. Des. Sel.*, **22**, 453 (2009)

15) G. Decher, *Science*, **277**, 1232 (1997)

16) F. Caruso, *Chem-Eur. J.*, **6**, 413 (2000)

17) K. Fujimoto, T. Toyoda, Y. Fukui, *Macromolecules*, **40**, 5122 (2007)

18) Y. Fukui, K. Fujimoto, *Langmuir*, **25**, 10020 (2009)

19) Y. Fukui, K. Fujimoto, *Chem. Mater.*, **23**, 4701 (2011)

20) 三浦隆史, 生物物理, **50**, 184 (2010)

21) S. Yamamoto, Y. Fukui, S. Kaihara, K. Fujimoto, *Langmuir*, **27**, 9576 (2011)

22) G. Drin, S. Cottin, E. Blanc, A. R. Rees, J. Temsamani, *J. Biol. Chem.*, **278**, 31192 (2003)

23) N. Sakai, S. Matile, *J. Am. Chem. Soc.*, **125**, 14348 (2003).

24) E. Vives, J. Schmidt, A. Pelegrin, *Bba-Rev. CANCER*, **1786**, 126 (2008)

25) W. L. Cheng, M. J. Campolongo, J. J. Cha, S. J. Tan, C. C. Umbach, D. A. Muller, D. Luo, *Nat. Mater.*, **8**, 519 (2009)

2 交互積層法による中空粒子の合成

片桐清文[*1], 松田厚範[*2]

2.1 はじめに

中空粒子は，運搬体材料としてドラッグ・デリバリー・システム（DDS）をはじめ，化粧品，食品，農業，印刷など多岐にわたる分野に応用することが可能であるため，大きな注目を集めている。中空粒子を応用するにあたり，サイズのコントロールが可能であること，高い構造安定性を有すること，高い内包容量を有すること，外部刺激に応答して内包物を放出する外部刺激応答性を有することなどの特性が求められる。そのような条件を満たした中空粒子の合成法の一つとして，交互積層法（Layer-by-Layer Assembly：LbL）がある。交互積層法は自己組織化を用いたナノ界面の制御プロセスであり，主として静電相互作用を駆動力とした超薄膜の作製法として開発された手法である。この手法は高真空あるいは高温で行う他の超薄膜作製プロセスと異なり，常温，常圧の環境下で行うことが可能である。そのため，有機物質，無機物質，金属物質など，幅広い多様な物質が適用可能であり，それらの物質を複数組み合わせたハイブリッド材料の作製プロセスとしても有用である。当初はこの手法は固体基板上への2次元平面における超薄膜作製プロセスとして研究が行われていったが，その原理をコロイド粒子上へこの手法を適用することで，3次元のプロセス，すなわちコア－シェル粒子の合成へと展開された。さらにコア－シェル粒子のコア除去により中空化ができることから，交互積層法は中空粒子合成法としても極めて有用であることが示された。現在では，多くの研究者がこの手法を活用して機能性材料としての中空粒子の合成を行うようになった。本項においては，交互積層法を利用した中空粒子の合成法のうち，基本となる高分子電解質多層膜からなる中空粒子の合成法，それを応用した無機中空粒子の合成例，さらにはその機能材料としての利用例について，筆者らの研究を中心に紹介する。

2.2 交互積層法による高分子電解質中空粒子の合成

交互積層法に関する最初の報告は，1960年代半ばにIlerらが報告した荷電物質の固体基板上への吸着現象に関するものまで遡るが[1]，超薄膜の作製プロセスとしては1991年にG. Decherらの報告で確立されたと考えられている[2]。交互積層法による高分子電解質多層膜の基板上への製膜の概略は以下の通りである。表面を親水化処理して電荷（例えば，－）を持たせた固体基板を反対の電荷（＋）を持つ高分子電解質の水溶液に浸すと静電相互作用によって，高分子の強い吸着が起こる。この際に電荷が中和されるだけでなく，電荷が反転し，再飽和するまで吸着される。それ以上の過剰吸着は同電荷の反発によって自己規制されるため，作製条件（pH，塩強度など）によって吸着量は一定となる。一定時間吸着させた後，純水ですすぐことで非特異吸着し

＊1　Kiyofumi Katagiri　広島大学　大学院工学研究院　物質化学工学部門　応用化学専攻　准教授

＊2　Atsunori Matsuda　豊橋技術科学大学　大学院工学研究科　電気・電子情報工学系　教授

た分子を取り除き，乾燥させて1回の操作となる。引き続いて反対の電荷（－）の高分子電解質溶液を用いて同様の操作をすることで，再び高分子の吸着と電荷の反転が起こる。これを繰り返すことでナノメートルスケールの超薄膜を交互に積層することが可能である。このように，交互積層法における作製プロセスでは非常に単純であり，用いる基板も平板だけでなく，曲面や凹凸を有するものなどにもほとんど制限なく適用可能である。また，この方法の駆動力が主として静電相互作用であるので，積層可能な材料は高分子電解質に限らず多電荷を有する物質であればほとんど適用できる。すなわちタンパク質，DNAなどの生体高分子，無機微粒子や無機板状化合物，ヘテロポリ酸，色素分子，金属ナノ粒子などが適用可能である[3]。これらの特徴から，交互積層法は固体基板のみならず，粒子表面の修飾法としての応用もなされるようになった。1995年にKellerらは表面修飾したシリカ粒子上へのリン酸ジルコニウムを剥離して得られるシート状物質と高分子の多層積層膜の形成に関する報告を行っている[4]。その他いくつかの報告が続くが，それらの中でも1998年からCarusoらによる一連の報告で交互積層法によるコアーシェル粒子の作製法が確立されている[5~8]。一般的なプロセスは以下のようになる（図1）。まず，コアとなる粒子の表面電荷と反対の電荷を有する高分子電解質溶液をコア粒子のコロイド分散液に加える。これによって，コア粒子表面に静電相互作用によって高分子電解質が吸着し，基板の場合と同様に過剰吸着によって表面電荷の反転が起こる。吸着しなかった高分子は，次の層となる高分子電解質の溶液を加える前に遠心分離等によって除去する。このプロセスを繰り返すことで，高分子電解質多層膜をシェルとするコアーシェル粒子を得ることができる。通常この積層過程での粒子同士の凝集を防ぐため，用いるコア粒子の濃度は数wt%までとする必要がある。また，速すぎる遠心速度も粒子の凝集の原因となり，積層プロセスにおける再分散を難しくする恐れがあるため，避けるべきである。積層量は物質が持つ電荷の強さ（強電解質／弱電解質），溶液の濃度，溶液の塩強度などによってコントロールできる。このようにして得られたコアーシェル粒子のコア粒子が酸あるいは有機溶媒等に可溶であれば，コアを溶解除去することで中空粒子とすることが可能である。図2にはカチオン性高分子電解質であるポリジアリルジメチルアンモニウムクロリド（PDDA）とアニオン性高分子電解質であるポリスチレンスルホン酸ナトリウム（PSS）の交互積層膜からなる中空粒子の電子顕微鏡写真を示す。高分子電解質多層膜は柔軟性のある超薄膜であるため，電子顕微鏡の試料室内の真空状態では折り畳まれた状態となる。中空粒子のサイズや単分散性等は用いるコア粒子の選択で厳密に制御可能である。また積層過程にお

図1　交互積層法によるコアーシェル粒子および中空カプセルの作製プロセス

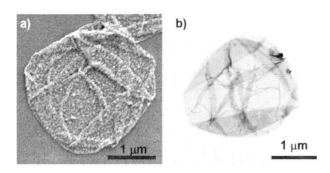

図2　メラミン-ホルムアルデヒド樹脂粒子を鋳型として合成し
た PDDA/PSS 多層膜からなる中空粒子の(a)走査型および
(b)透過型電子顕微鏡写真

いて，用いるコーティング溶液の濃度やイオン強度，さらには積層回数の調整によって中空粒子の殻部分の厚さや組成も簡便にコントロールできる。また，交互積層を行う駆動力は静電相互作用であるため，高分子電解質のみならず，多電荷を有する様々な物質を積層することができる。この特徴を活かすことで，様々な機能を有する物質を中空粒子に組み込むことが非常に容易である。以降では交互積層法を活用した様々な無機中空粒子の合成例を紹介する。

2.3　高分子電解質多層膜表面における酸化物層形成による無機中空粒子の合成

　上述のように，交互積層法は高分子電解質だけでなくナノ粒子なども適用可能であるため，酸化物などの無機物質からなる殻を有する中空粒子の合成法としても有用である。例えば，負に帯電した酸化チタンナノ粒子などはカチオン性の高分子電解質の表面に静電吸着させることが可能であり，無機ナノ粒子堆積層を有する中空粒子は極めて容易に作製可能である[8]。さらに高分子電解質からなる中空粒子表面でシリコンやチタンのアルコキシドを用いてゾル-ゲル法によって無機物質層を形成させることで無機中空粒子を作製することも可能である。図3には，高分子電解質中空粒子の表面でゾル-ゲル反応を行い，SiO_2 と複合化した中空粒子の電子顕微鏡写真を示している。この写真では高真空下においても真球状の構造を保っている様子が確認できる。この方法で作製した中空粒子ではアルコキシドの加水分解・重縮合によって，高分子電解質多層膜上で無機骨格が形成・発達していることによるものと考えられる。ゾル-ゲル反応の条件を適切に設定することで SiO_2 と TiO_2 を複合化することも可能である。SiO_2-TiO_2 中空粒子では，温水処理することで，中空粒子殻中でアナターゼナノ結晶を析出させることが可能である。また，この中空粒子は TiO_2 の光触媒特性を活用し，紫外線に応答して内包物をオンデマンドで放出するスマートカプセルとしての機能を有している[9]。この中空粒子へ紫外線を照射した場合の構造の変化について検討したところ，紫外線照射によって中空粒子の殻が開裂する様子が電子顕微鏡観察によって確認された。照射時間10分ですでに殻に亀裂が生じており，30分間の照射では，ほぼすべての中空粒子が開裂していた。その後，照射時間が1時間，2時間と長くなるにつれて，

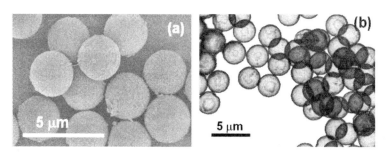

図3　高分子電解質多層膜－SiO₂複合中空粒子の(a)走査
型および(b)透過型電子顕微鏡写真

殻の開裂の度合が大きくなっている。同様に，照射時間を固定して，紫外線の強度を変化させた場合においても，照射強度が強くなるにつれ，中空粒子の殻の開裂の度合が大きくなることが分かった。また標識物質として色素を用いて，中空粒子内部に内包させ，紫外線照射に対する内包物放出特性の測定を行った。図4に示すように，無機層がSiO_2のみからなる中空粒子においては，1時間紫外線照射を行っても色素（フェノールレッド）の漏出は認められなかった。一方SiO_2-TiO_2層を有する中空粒子の場合，紫外線照射により中空粒子外への色素の放出を示す最大吸収波長550 nmにおける吸収が現れ，UV光照射によるTiO_2の光触媒作用によって膜が開裂し，色素を放出していることが示唆された。また，この吸光度は最初の5分間で急激に増大しており，この中空粒子がすばやい応答特性を有している。さらにこの応答挙動は，照射する紫外線強度，あるいはSiO_2-TiO_2の組成によって変化することも分かった。したがって，この中空粒子を応用する目的に応じて，応答挙動を複合体の有機成分，無機成分の調製過程でコントロールすることも可能であることが明らかになった。

　高分子電解質多層膜表面における無機物質層の合成はゾル－ゲル法以外の手法も用いることができる。例えば，酸化鉄の一種であるFe_3O_4はパラジウム（Pd）を触媒として，水溶液プロセスによってナノ粒子として合成することが可能である[10,11]。したがって，Pdナノ粒子を高分子電解質多層膜表面に静電的に固定し，その後，硝酸鉄(III)とジメチルアミンボランを含む水溶液に中空粒子を分散させることでFe_3O_4ナノ粒子を中空粒子表面に析出させることが可能であった[12~14]。この中空粒子について磁化測定を行ったところ，磁気ヒステリシス曲線が観察でき，これにより高分子電解質多層膜上に析出したFe_3O_4が強磁性体であることが示された。このFe_3O_4ナノ粒子複合中空粒子は，磁場に応答してオンデマンドで内包物を放出するスマートカプセルとして応用できる。磁性粒子に交流磁場が印加されると磁場によるヒステリシス損失やネール緩和等によって発熱する現象が知られている。一方で，脂質膜はゲル－液晶相転移現象を示し，相転移温度以上になって膜が液晶状態となり，流動性が高くなると脂質膜の物質透過性は飛躍的に向上する。すなわち，中空粒子の殻部分で磁性体であるFe_3O_4ナノ粒子と脂質膜を組み込んでおくと，その中空粒子へ交流磁場を印加すればFe_3O_4粒子の発熱によって脂質膜がゲル－液

a)

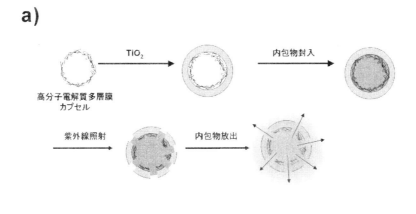

b)

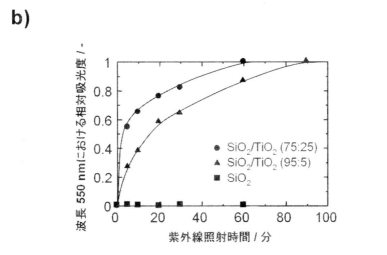

図4　(a) TiO₂ を用いた紫外線応答性カプセルの概略図，(b) SiO₂ もしくは SiO₂-
　　　TiO₂ でコートしたハイブリッドカプセルからの色素（フェノールレッド）
　　　の紫外線照射による放出挙動（20 mW cm⁻¹）

晶相転移現象によって物質透過性が向上し，内包物が外部に放出されるものと考えられる。筆者
らは実際にそのような複合構造を有する中空粒子を合成し，それに色素を内包して，磁場印加に
よる放出特性の実験を行った。磁場を印加していないサンプルにおいては，中空粒子からの色素
の漏出は起こらなかった。一方，交流磁場を印加すると，色素の放出が確認された。前述の紫外
線応答性中空粒子の場合，中空粒子の重要な応用分野の1つである DDS においては大きな問題
点がある。DDS では内包物，つまり薬物が放出されるのは癌などそれぞれの疾病の患部となる
ので，多くの場合は体内深部となる。ここで，内包物を放出するトリガーとしての紫外線は人体
の組織に対する透過性が低いだけでなく，侵襲性が高く生体組織を傷つけてしまう恐れがあり，
DDS としての応用においてはその適用範囲を外用薬などごく一部に限定されてしまう。これに
対し，磁場は人体など生体組織に対する透過性が高く，一方で侵襲性が低いとされている。その

ため，この磁場応答性中空粒子は DDS のキャリアとしての応用が期待できる。この中空粒子の磁場応答特性は，中空粒子に固定する磁性粒子の量や印加する磁場の強度で自在に制御でき，磁場の ON/OFF で，内包物の放出を ON/OFF することも可能であった。

2.4　水溶性チタン錯体の交互積層によるチタン酸化物系中空粒子の合成

上述のゾル－ゲル法を利用する手法では，いったん高分子電解質からなる中空粒子を作製した上で，その表面で無機酸化物層を合成する必要があった。これはゾル－ゲル法における前駆体である金属アルコキシドが水に不溶な疎水性化合物であるためである。一方，近年，液相プロセスによる無機酸化物材料の前駆体として水溶性錯体が多く開発されている。これらは多くは安定な錯陰イオンとして水溶液中に存在し，多電荷を有しているので，カチオン性高分子電解質と組み合わせることで，それ自身を交互積層法に適用することが可能である。交互積層法によってコア－シェル粒子を合成後，コアの除去とこの水溶性錯体を焼成あるいは水熱プロセスで酸化物として結晶化させることで無機中空粒子の合成が可能である。筆者らは，ゾル－ゲル法で調製したシリカ粒子を鋳型に用い，水溶性チタン錯体を前駆体とした TiO$_2$ 中空粒子の簡便な合成法を開発した[15]。シリカ粒子の合成には Stöber らによって開発された合成法[16]を南・辰巳砂らが改良した手法[17]を採用した。この手法では，合成時に添加するドデシル硫酸ナトリウムの量で，得られる粒子のサイズをおよそ 100 nm～2 μm の範囲で制御可能である。ここでは焼成プロセスを省くことでシロキサン骨格が未発達なシリカゲルからなる粒子として用いた（図5(a)）。TiO$_2$ 前駆体となる水溶性チタン錯体には乳酸錯体の一つであるチタニウム(IV)ビス(アンモニウムラクタート)ジヒドロキシド（TALH）を用いた。TALH は安定な水溶液の市販試薬として容易に入手可能であり，また比較的低温でアナターゼ型に結晶化することが報告されている[18]。さらには，交互積層に適用可能であることもすでに我々が報告している[19]。まず，シリカゲル粒子にカチオン性高分子電解質である PDDA と TALH の交互積層を行い，コア－シェル粒子を調製した。積層過程のゼータ電位測定によれば，各ステップで粒子の表面電荷が＋と－に反転しており，PDDAと TALH が逐次積層されていることが分かった。TEM 観察によっても，シリカ粒子表面に積層膜が生成していることが見てとれる（図5(b)）。このようにして PDDA/TALH を 5 層積層した粒子をテフロン製オートクレーブを用いて 120℃ で 24 時間水熱処理した。水熱処理後のTEM 写真から，中空粒子が得られていることが分かる（図5(c)）。電子回折測定および X 線回折測定から，これらの粒子がアナターゼ型 TiO$_2$ として結晶化していることも分かった。これらの結果から，水熱処理によって TALH を TiO$_2$ に結晶化させるのみならず，コアのシリカゲル粒子を除去できることが確認された。これは，用いたシリカがあくまでゲルであるため，その骨格となるシロキサン結合が未発達であり，水熱条件において容易に SiO$_2$ 成分を溶解させることが可能なためである。さらに水熱処理をする際に，超純水の代わりに水酸化ストロンチウム溶液を用いることで SrTiO$_3$ の中空粒子が合成可能であることも明らかになった（図5(d)）。この手法においては，コアとなるシリカゲル粒子が様々なサイズに簡便かつ大量に合成できるため，サイ

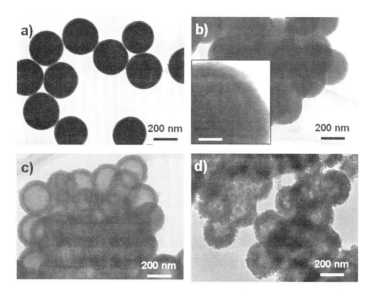

図5　(a)シリカゲルコア粒子，(b)PDDA と TALH を積層したコアー
　　　シェル粒子（挿入図のスケール：50 nm），(c)超純水で水熱処
　　　理して得られた TiO$_2$ 中空粒子，および(d)Sr(OH)$_2$ 水溶液で水
　　　熱処理して得られた SrTiO$_3$ 中空粒子の TEM 写真

ズの制御や合成のスケールアップが容易な点が長所である。さらに，水熱処理によって TiO$_2$ の
結晶化とコア粒子の除去がワンステップで同時に達成できることも大きなメリットであり，その
際に用いる水溶液を変えることで，多様なチタン酸化合物の中空粒子を合成できる点から，今後
の様々な材料に応用が可能であると考えられる。

　近年では，TALH 以外にも様々な水溶性チタン錯体が開発されている。なかでも垣花らが開
発したグリコール酸チタン錯体は TiO$_2$ 前駆体として極めて優れた特性を有することが明らかに
なっている[20～22]。グリコール酸チタン錯体に水熱処理を施すことで結晶性の TiO$_2$ が得られるが，
その際の pH を変化させることで様々な結晶多形を有する TiO$_2$ を単相で合成できる。特筆すべ
きは一般的に良く知られているアナターゼ型やルチル型のみならず，単相合成が困難とされるブ
ルカイト型やブロンズ型の TiO$_2$ を合成できることである。さらに最近では，添加物の存在で結
晶形態が変化することも明らかにされている[22]。しかしながら，これらの形態制御はあくまで結
晶成長過程において自発的に発現するものであり，よりマクロな領域で合成者の意図する形態を
発現させるものではない。そこで，前項で述べたコロイド粒子を鋳型とする交互積層法による
TiO$_2$ 中空粒子の合成において，グリコール酸チタン錯体を用いることでブルカイト型 TiO$_2$ から
なる中空粒子の合成を試みた[23]。ポリスチレン粒子を鋳型に用い，その表面に交互積層によって
カチオン性高分子電解質であるポリアリルアミン塩酸塩（PAH）とグリコール酸チタン錯体の
積層膜を作製しコアーシェル粒子を調製した（図6(a)）。得られた粒子からテトラヒドロフラン
（THF）によってコアのポリスチレン粒子を溶解除去することで PAH とグリコール酸チタン錯

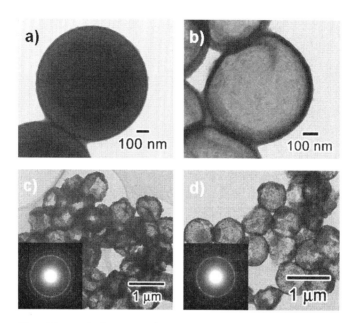

図6 (a) PAH とグリコール酸チタン錯体を積層したコアーシェル粒子，(b) THF によるコア粒子除去によって得られた中空粒子，(c) pH 4 で水熱処理して得られたブルカイト型 TiO$_2$ 中空粒子，および pH 10 で水熱処理して得られたアナターゼ型 TiO$_2$ 中空粒子の TEM 写真（挿入図はそれぞれ対応する電子回折像）

体のポリイオンコンプレックスからなる中空粒子を得た（図6(b)）。これを pH 4 ならびに 10 でそれぞれ水熱処理を行ったところ，ともに結晶性 TiO$_2$ からなる中空粒子を得ることができた。この際の水熱処理においては 120℃ で 6 時間行った後，200℃ に昇温して 18 時間反応させた。これは，120℃ の水熱処理では TiO$_2$ への結晶化が起こらず，他方，最初から 200℃ で水熱処理を行うと中空粒子の形態が失われてしまうことが分かったためである。電子回折によれば pH 4 で水熱処理をした試料では中空粒子はブルカイト型 TiO$_2$ からなっており，pH 10 で水熱処理した試料ではアナターゼ型 TiO$_2$ からなっていることが明らかになった（図6(c)，(d)）。グリコール酸チタン錯体はそれ単独では pH 10 で水熱処理を施すことで，ブルカイト型 TiO$_2$ が単相で得られることが知られている。グリコール酸チタン錯体は高分子電解質とポリイオンコンプレックスを形成すると，水熱処理によって析出する TiO$_2$ の結晶相の至適 pH がグリコール酸チタン錯体単独とは大きく変化することを我々は別の実験で明らかにしており，適切に pH を制御することで，ブルカイト型 TiO$_2$ を中空粒子として合成することが可能であることが明らかになった。今後，高分子電解質の種類や pH などの条件検討によって，ルチル型あるいはブロンズ型 TiO$_2$ からなる中空粒子も合成可能であると考えられる。さらには，最近ではチタン以外にもタンタル，ニオブといった様々な金属の水溶性錯体が合成可能であることが報告されていることから[24]，本手法によって多様な酸化物について結晶多形を制御した中空粒子の合成が可能になることが期待

される。

2.5　おわりに

　本項では，中空粒子の合成法として静電相互作用を駆動力とする交互積層法を用いた手法について，種々の事例を交えて紹介した。この手法は，多段階のプロセスを経る必要があるため，その煩雑さが欠点としてあげられる場合もある。しかしながら，鋳型となるコア粒子として用いられることの多いシリカやポリスチレン粒子は粒径を自在に制御して単分散で合成する手法が確立されており，この手法によって得られる粒径やその単分散性の制御の厳密性は他の手法と比較しても十分に優位性がある。さらに，適用できる物質の種類の多様性や，異種物質の複合化の容易さにおいても，メリットは大きい。このような利点が活用され，より高度な機能を発現する中空粒子の開発が交互積層法によって行われるものと期待される。

文　　献

1)　R. K Iler, *J. Colloid Interface Sci.*, **21**, 569 (1966).

2)　G. Decher and J.-D. Hong, *Ber. Bunsen-Ges. Phys. Chem.*, **95**, 1430 (1991).

3)　有賀克彦，国武豊喜，超分子化学への展開，岩波書店 (2000).

4)　S. W. Keller, S. A. Johnson, E. S. Brigham, E. H. Yonemoto, and T. E. Mallouk, *J. Am. Chem. Soc.*, **117**, 12879 (1995).

5)　F. Caruso, E. Donath, and H. Möhwald, *J. Phys. Chem. B*, **102**, 2011 (1998).

6)　F. Caruso, R. A. Caruso, and H. Möhwald, *Science*, **282**, 1111 (1998).

7)　F. Caruso, *Adv. Mater.*, **13**, 11 (2001).

8)　F. Caruso, ed, "*Colloids and Colloid Assemblies*," Wiley-VCH, Weinheim, (2004).

9)　K. Katagiri, K. Komoto, S. Iseya, M. Sakai, A. Matsuda, and F. Caruso, *Chem. Mater.*, **21**, 195 (2009).

10)　T. Nakanishi, Y. Masuda, and K. Koumoto, *Chem. Mater.*, **16**, 3484 (2004).

11)　T. Nakanishi, Y. Masuda, and K. Koumoto, *J. Cryst. Growth*, **284**, 176 (2005).

12)　M. Nakamura, K. Katagiri, K. Koumoto, *J. Colloid Interface Sci.*, **341**, 6 (2010).

13)　K. Katagiri, M. Nakamura, K. Koumoto, *ACS Appl. Mater. Interface*, **2**, 768 (2010).

14)　K. Katagiri, Y. Imai, K. Koumoto, *J. Colloid Interface Sci.*, **361**, 109 (2011).

15)　K. Katagiri, J. Kamiya, K. Koumoto, K. Inumaru, *J. Sol-Gel Sci. Technol.*, **63**, 366-372 (2012).

16)　W. Stöber, A. Fink, E. Bohn, *J. Colloid Interface Sci.*, **26**, 62 (1968).

17)　H. Nishimori, M. Tatsumisago, T. Minami, *J. Sol-Gel Sci. Technol.*, **9**, 25 (1997).

18)　S. Baskaran, L. Song, J. Liu, Y. L. Chen, G. L. Graff, *J. Am. Ceram. Soc.*, **81**, 401 (1998).

19)　K. Katagiri, T. Suzuki, H. Muto, M. Sakai, A. Matsuda, *Colloids Surf. A*, **321**, 233 (2008).

20） 小林亮，ヴァレリーペトリキン，垣花眞人，冨田恒之，化学工業，**60**［1］，71 (2009).

21） M. Kakihana, M. Kobayashi, K. Tomita, V. Petrykin, *Bull. Chem. Soc. Jpn.*, **83**, 1285 (2010).

22） M. Kobayashi, V. Petrykin, K. Tomita, M. Kakihana, *J. Cryst. Growth*, **337**, 30 (2011).

23） K. Katagiri, H. Inami, K. Koumoto, K. Inumaru, K. Tomita, M. Kobayashi, M. Kakihana, *Eur. J. Inorg. Chem.*, **2012**, 3267 (2012).

24） V. Petrykin, M. Kakihana, K. Yoshioka, S. Sasaki, Y. Ueda, K. Tomita, Y. Nakamura, M. Shiro, A. Kudo, *Inorg. Chem.*, **45** 9251 (2006).

3 pH応答性ポリマーミセルを鋳型にした中空粒子の合成

遊佐真一[*]

3.1 はじめに

中身の詰まった中実無機ナノ粒子に比べて，中身が空孔の無機中空ナノ粒子は，低密度で，大きな比表面積を持ち，粒子表面から空孔内部への物質の透過など，さまざまな特徴がある。無機中空ナノ粒子のこのような特徴のため，色々なナノサイズの中空粒子材料の合成と応用に関する研究が行われている[1~3]。

近年ポリスチレン（PS），ポリ 2-ビニルピリジン（PVP），ポリエチレンオキシド（PEO）からなるトリブロック共重合体（PS-PVP-PEO）[4,5]，または PS，ポリアクリル酸（PAA），PEO からなるトリブロック共重合体（PS-PAA-PEO）が[6,7]，水中で形成する高分子ミセルを鋳型に用いることで，無機中空ナノ粒子を作製する方法が報告されている。室温の水中で，これらのトリブロック共重合体は，球状のコア－シェル－コロナ型の 3 層構造の高分子ミセルを形成する[8]。PS-PVP-PEO および PS-PAA-PEO どちらの場合も，疎水性でガラス状態の PS コア，pH 応答性で親水性の PVP または PAA シェル，親水性の PEO コロナにより高分子ミセルが形成される。PVP シェルは酸性で側鎖のピリジニル基がプロトン化されるため，静電反発により伸びた状態になる。PAA シェルの場合，塩基性で側鎖のカルボキシル基が脱プロトン化されるため，静電反発により伸びた状態になる。無機中空ナノ粒子を作製するための前駆体の金属イオンなどがアニオン性の場合，その前駆体はカチオン性の PVP シェル中に自発的に導入される。またカチオン性前駆体の場合は，アニオン性の PAA シェルに自発的に導入される。その後，シェル内で前駆体の化学反応（ゾルゲル反応など）を行い，焼成することで有機物は分解して除かれるので，最終的に無機中空ナノ粒子を作製できる。

例えばシリカ中空ナノ粒子を作製するには，まず鋳型となる PS-PVP-PEO によるコア－シェル－コロナ型の三層のミセルを水中で形成する。次にカチオン性の PVP シェルにシリカ前駆体を吸着させてからゾル－ゲル反応を行う。その後，焼成により鋳型を形成していたポリマーを分解して除くことで，粒径の揃ったナノメーターサイズのシリカ中空ナノ粒子を作製できる。このシリカ中空ナノ粒子作製において，PS-PVP-PEO の各ブロックはそれぞれの役割を果たす。コアは生成する中空粒子の空孔を形成する。シェルはシリカ前駆体が反応するためのナノ反応場となる。コロナはその排除体積効果により，シリカ前駆体を含む高分子ミセル間の二次凝集を抑制する機能がある。したがって空孔サイズはコアを形成する PS ブロックの分子量，シェルの厚みは PVP ブロックの分子量を調節することで制御できる。

本稿では PS-PAA-PEO が水中で形成するミセルを鋳型にしたタングステン酸カルシウム（CaWO$_4$）[9]と酸化亜鉛（ZnO）[10]による中空ナノ粒子の作製方法について詳しく説明する。まず鋳型となる PS-PAA-PEO の合成法と，無機中空ナノ粒子作製のための前駆体の金属イオンと高

---

* Shin-ichi Yusa　兵庫県立大学　大学院工学研究科　応用化学専攻　准教授

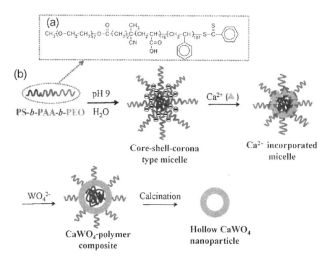

図1 (a) PS-PAA-PEO の化学構造と，(b) CaWO$_4$ 中空ナノ粒子の作製方法。

分子ミセルの相互作用について述べる。次に焼成による無機中空ナノ粒子の作製法とキャラクタリゼーションについて述べる。CaWO$_4$ 中空ナノ粒子の場合，その前駆体となるカルシウムイオン（Ca^{2+}）が，静電相互作用により高分子ミセル中の PAA シェルに吸着する（図1）。さらにタングステン酸イオン（WO$_4^{2-}$）を添加すると鋳型ミセルのシェル内で Ca^{2+} と反応して CaWO$_4$ を生成する。これを焼成して鋳型ポリマーを除くと，中空 CaWO$_4$ ナノ粒子が得られる。また，ZnO 中空ナノ粒子の場合，その前駆体となる亜鉛イオン（Zn^{2+}）は，静電相互作用で高分子ミセル中の PAA シェル中に取り込まれる。次に炭酸水素イオン（HCO$_3^-$）を添加することで，炭酸水素亜鉛（Zn(HCO$_3$)$_2$）が鋳型ミセル内で形成される。焼成により，鋳型ミセルを熱分解して，Zn(HCO$_3$)$_2$ を ZnO に変換することで ZnO 中空ナノ粒子を作製できる。

3.2 PS-PAA-PEO の合成

　トリブロック共重合体は制御ラジカル重合法の可逆的付加－開裂連鎖移動（RAFT）型制御ラジカル重合法で合成した（図2）。まず PEO（数平均分子量（M_n）：2.36×10^3）をベースにした高分子型連鎖移動剤（PEO-CTA）を文献に従って合成した[11]。次に PEO-CTA，重合開始剤の2,2-（アゾビスイソブチロニトリル）（AIBN），アクリル酸（AA）を1,4-ジオキサンに溶解して脱気を行った後，60℃で40時間加熱を行った。重合終了後に，純水に対して透析することで精製を行い，凍結乾燥で PAA-PEO ジブロック共重合体を回収した。PAA ブロックの重合度（DP）は，プロトン NMR から116量体と求められた。NMR から見積もった PAA-PEO の M_n は10,700で，ゲル濾過クロマトグラフィー（GPC）から見積もった M_n と分子量分布（M_w/M_n）はそれぞれ，24,300 と 1.04 だった。

　次に PAA-PEO ジブロック共重合体をマクロ連鎖移動剤に用いて，次の手順でスチレンを重

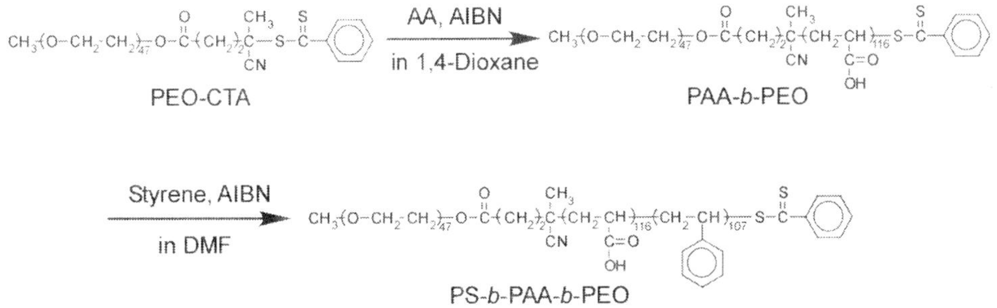

図2　可逆的付加-開裂連鎖移動（RAFT）型制御ラジカル重合法による
PS-PAA-PEO の合成ルート。

合することで，目的の PS-PAA-PEO トリブロック共重合体を合成した。スチレン，開始剤，
PAA-PEO を N,N-ジメチルホルムアミドに溶解して，溶液を脱気した。重合は 60℃ で 30 時間
行った。重合終了後の溶液を大過剰の酢酸エチル中に注ぐことで，目的のトリブロック共重合体
のみを沈殿させて，PS-PAA-PEO を回収した。重ジメチルスルホキシド中 100℃ での NMR か
ら求めた PS ブロックの DP と，PS-PAA-PEO の M_n は，それぞれ 107 量体と 21,800 だった。

3.3　PS-PAA-PEO ミセルの作製

　所定量の PS-PAA-PEO トリブロック共重合体を，直接室温でイオン交換水に分散して 1 日室
温で撹拌することで，透明な水溶液が得られる。この溶液を 1 g/L に調製して高分子ミセルのス
トック溶液とした。

　PS-PAA-PEO ミセルの粒径を調べるため，透過型電子顕微鏡（TEM）観察を行ったところ
球状の粒子が観測された（図 3(a)）。リンタングステン酸ナトリウムで染色を行ったため，PEO
は観察できない。図 3(a) の明るい部分が PS ブロックで形成されたコアに相当すると考えられる。
その平均の直径は 27.5 nm だった。

　PS-PAA-PEO ミセルの水中での流体力学的直径（D_h）を動的光散乱（DLS）測定で調べた。
pH 9 のとき 0.02〜0.5 g/L の濃度範囲で，D_h はほぼ一定（126.5 nm）だった。また粒径の多分
散度はせまく，ミセルは単分散である。PS-PAA-PEO ミセルの pH に応答した D_h の変化を調
べた（図 3(b)）。pH を 3.5 から 6.5 まで増加すると，D_h は 62 nm から 120 nm まで増加した。
pH 6.5 以上の範囲で D_h は約 120 nm で，ほぼ一定の値を示した。この挙動は，ミセル内の PAA
シェルの pH に依存したコンホメーションの変化により説明される。PAA ブロックは pK_a（＝
4.6）以上の pH で弱電解質として振舞うため，イオン化した側鎖のカルボキシレートイオン間の
静電反発により，PAA の主鎖は伸びる[12]。一方 pH が 4 より低い場合，ほとんどの側鎖カルボ
キシル基はプロトン化されて静電反発が無くなるため，PAA 鎖が縮むので，PS-PAA-PEO ミ
セルの D_h の値は小さくなる。pH を増加すると，PAA ブロックの主鎖は静電反発のため，伸び
るので PS-PAA-PEO ミセルの D_h が大きくなったと考えられる。pH を 6.5 まで増加すると，ほ

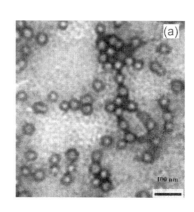 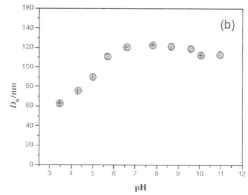

図3 (a)リンタングステン酸ナトリウムで染色した PS-PAA-PEO ミセルの
TEM 画像。(b)PS-PAA-PEO ミセルの水中での流体力学的直径（D_h）
の pH 依存性。ポリマー濃度は 0.1 g/L に固定。

ぼ全ての PAA 側鎖のカルボキシル基はイオン化するため，pH をさらに 11 まで増加しても D_h は変化しない。

3.4　カルシウムイオン（Ca^{2+}）と高分子ミセルのコンプレックス形成

　水中での PAA ホモポリマーと Ca^{2+} による錯体形成につては，既に多くの研究が報告されている[13]。PS-PAA-PEO が形成するコア – シェル – コロナ型ミセルのシェル中の PAA と Ca^{2+} も類似の錯体を形成する。塩基性で PS-PAA-PEO ミセル水溶液に Ca^{2+} を添加すると，イオン化している PAA と静電的に相互作用して錯体を形成する。負電荷を持つ PAA ブロックは Ca^{2+} の添加により中和されることで，静電反発が消失する。したがって PAA 鎖は静電反発による伸びた鎖から縮まったコンホメーションに変化する。これを確かめるため，Ca^{2+} の添加に伴う PS-PAA-PEO ミセルの D_h の変化を調べた（図4(a)）。PAA ブロックが常にイオン化するように水溶液の pH は 9 に保持している。添加した Ca^{2+} の量は，次式で定義される見かけの電荷中和度（DN）で表す。

$$DN（\%）= \frac{金属イオンの量}{カルボキシル基の量} \times 100$$

DN＝0％のときミセルの D_h は 126.8 nm だが，DN を 280％まで増加すると，DN の増加に伴う PAA ブロックの収縮により，ミセルの D_h は 76.8 nm に減少した。DN＝280％以上で，ミセルの PAA シェルと Ca^{2+} が錯体形成を起こして，D_h は一定となった。また粒子径の多分散度は全ての DN の範囲で 0.02 から 0.12 の値を示したので，PS-PAA-PEO ミセルが Ca^{2+} を取り込んでも，粒径の単分散性は保たれている。

　PAA シェルに Ca^{2+} が取り込まれると，その部分の透過型電子顕微鏡（TEM）のコントラストが増加するため，ミセルの PS コアと区別できる。図4(b)でコントラストが暗くなっている部

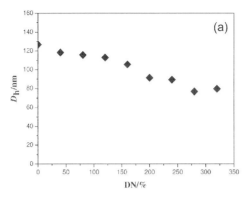 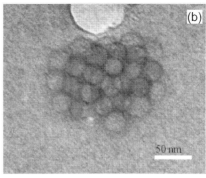

図4　(a) pH 9 の PS-PAA-PEO ミセルの水溶液に CaCl$_2$ を添加したときの流体力学的直径（D_h）の変化。ポリマー濃度は 0.5 g/L に固定。(b) 見かけの中和度（DN）300% で Ca^{2+} を PS-PAA-PEO ミセルに取込ませたときの TEM 画像。

分が，Ca^{2+} を担持した PAA シェルである。PS コアは平均直径 24.0 nm の球状である。

3.5　中空 CaWO$_4$ ナノ粒子の作製

タングステンを含む材料の中でも CaWO$_4$ は，フォトルミネッセンスなどの光学材料として興味が持たれている[14]。現在まで CaWO$_4$ のナノドッド，ナノロッド，微粒子，中空粒子材料の作製に関する研究が行われてきた。しかしナノメーターサイズの CaWO$_4$ 中空ナノ粒子作製に関する報告は無かった。

中空 CaWO$_4$ ナノ粒子作製法は次のように行う。室温で塩化カルシウム（CaCl$_2$）の水溶液を PS-PAA-PEO のミセル水溶液に DN が，270% になるように添加する。この操作の間 PAA ブロックがイオン化するように pH を 9 に保つ必要がある。次に Ca^{2+} と等量の Na$_2$WO$_4$ 水溶液を添加して，Ca^{2+} と反応するために 2 日間静置して，白色沈殿を生じさせる。この沈殿を遠心分離で回収して，イオン交換水で洗浄してから乾燥する。乾燥終了後に，500℃ で 4 時間焼成することで，CaWO$_4$ 中空ナノ粒子を作製できる。

得られた CaWO$_4$ 中空ナノ粒子を TEM で観察した（図5(a)）。中空 CaWO$_4$ ナノ粒子の粒径は単分散で，形状は球形だった。外側の直径は 22.7±1.0 nm で，シェルの厚みは 6.7±0.4 nm だった。PS コアは空孔の鋳型となるが，CaWO$_4$ 中空ナノ粒子の空孔サイズは Ca^{2+} を取り込んだミセルの PS コアよりもやや小さい（図4(b)）。これは焼成時の粒子の収縮が関係していると考えられる。

鋳型に使用した高分子ミセルが完全に取り除かれたことを，焼成前後のフーリエ変換赤外（FTIR）吸収スペクトルで確認した（図5(b)）。ポリマーの C-H 伸縮振動由来の 2,900 cm^{-1} 付近と，フェニル基中の C=C の伸縮振動由来の 1,600 cm^{-1} のピークが焼成後は消失したので，鋳型ミセルは完全に取り除かれている。

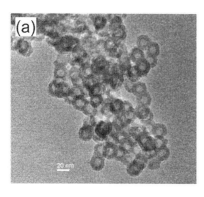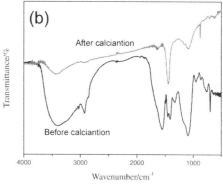

図5　(a) CaWO₄ 中空ナノ粒子の TEM 画像。(b) 500℃ で焼成を行う前後で
の CaWO₄ 中空ナノ粒子の FTIR スペクトル。

3.6　ZnO 中空ナノ粒子の作製

　ZnO は幅広いバンドギャップを持ち，化学的・熱的な安定性が高いために，電子材料，光学
材料，圧電材料などへの応用の観点から興味を持たれている。そのため構造の制御された ZnO
中空ナノ材料は，太陽電池[15]，光触媒[16]，光検出器[17]，ガスセンサー[18]などへの応用が検討され
ている。中空の ZnO ナノ粒子作製法としては，鋳型を用いた合成法が最も一般的である。例え
ばエタノールの液滴[19]，ポリスチレンラテックス粒子[20]，シリカ粒子[21]などを鋳型に用いた中空
ZnO ナノ粒子作製法が報告されている。他の中空 ZnO 粒子の作製法として，水熱合成法[22]や自
己組織化法[23]なども知られている。しかしこれらの手法では 100 nm 以下のサイズで，形状の制
御された中空 ZnO ナノ粒子を得ることは困難である。

　水中での Zn^{2+} と PAA ホモポリマーとの錯体形成に関する報告例がある[24]。同様な錯体形成が
PS-PAA-PEO ミセル中の PAA シェル鎖で起こる。塩基性で Zn^{2+} を PS-PAA-PEO ミセル水溶
液に添加すると，負電荷を持つ PAA ブロックは，正電荷を持つ Zn^{2+} で徐々に中和され，PAA
鎖は伸びた状態から Zn^{2+} の添加量増加に伴い収縮する。Zn^{2+} の添加量を DN で表すと，DN を 0
から 120% に増加すると，PAA ブロックの中和による収縮のため D_h は 128 nm から 70 nm まで
減少したが，さらに DN を 400% まで増加しても，D_h はほぼ一定だった。

　ZnO 中空ナノ粒子作製法は，まず $ZnCl_2$ 水溶液を PS-PAA-PEO ミセル水溶液に DN＝100%
になるように添加して，次に $NaHCO_3$ 水溶液を添加する。この操作の間，溶液の pH は 9 付近
に保つ必要がある。ポリマーミセル内で $Zn(HCO_3)_2$ を形成させるため，2 日間撹拌せずに静置
して沈殿させる。この沈殿を遠心分離で回収して，水で洗浄後乾燥する。沈殿物を 500℃ で 4 時
間焼成することで，ZnO 中空ナノ粒子を回収できる。この焼成操作はポリマーを分解して除く
だけでなく，$Zn(HCO_3)_2$ を熱分解して ZnO に変換するプロセスも含んでいる[25]。

　TEM で ZnO 中空ナノ粒子の観察を行った（図6(a)）。図6(b)から ZnO 中空ナノ粒子は球形
で，せまい粒径分布だった（24.7±1.3 nm）。シェルの厚みは 6.9±0.7 nm だった（図6(c)）。焼

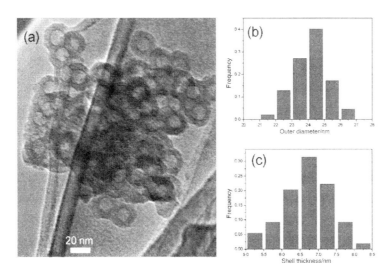

図6　(a) 500℃で4時間焼成を行った後のZnO中空ナノ粒子のTEM画像。
TEM画像から解析した(b)外径と(c)シェルの厚みのヒストグラム。

成による鋳型ミセルの除去をFTIRで確認した。焼成後はポリマー由来の全てのピークが消失した。また得られたZnO中空ナノ粒子のX線回折の結果はZnOの標準的なパターンと一致した。ZnO結晶は紫外から可視領域にフォトルミネッセンスを示す。発光波長はUV領域の370 nm，緑色の540 nm，黄色の600 nmであることが知られている[26]。室温でのZnO中空ナノ粒子粉末のフォトルミネッセンススペクトルを調べたところ，390 nmにピークを持つ強いバンドと，450から500 nmの範囲に弱いバンドが観測されたので，光学材料としての利用も期待される。

3.7　まとめ

　本稿で紹介したトリブロック共重合体が水中で形成するコア－シェル－コロナ型の球状ミセルをソフトな鋳型として用いることで，非常に簡便に大きさの揃った無機中空ナノ粒子の作製が可能となる。これまで紹介したCaWO$_4$やZnOによる中空ナノ粒子以外にも著者等は，CeO$_2$[27]，CaCO$_3$[6]，TiO$_2$[28]，MoO$_3$[29]，α-Fe$_2$O$_3$[30]，La$_2$O$_3$[31]，BaSO$_4$[32]，CaPO$_4$[7]などの中空ナノ粒子の作製とキャラクタリゼーションを報告している。この高分子ミセルを鋳型に用いた手法は，今後もさまざまな無機中空ナノ粒子の作製に展開できると期待される。

文　献

1) J. M. Tarascon and M. Armand：*Nature*, **414**, 359 (2001).

2) F. Caruso, R. A. Caruso and H. Möhwald：*Science*, **282**, 1111 (1998).

3) Y. Sun and Y. Xia：*Science*, **298**, 2176 (2002).

4) A. Khanal, Y. Inoue, M. Yada and K. Nakashima：*J. Am. Chem. Soc.*, **129**, 1534 (2007).

5) M. Sasidharan, K. Nakashima, N. Gunawardhana, T. Yokoi, M. Ito, M. Inoue, S. Yusa, M. Yoshio and T. Tatsumi：*Nanoscale*, **3**, 4768 (2011).

6) B. P. Bastakoti, S. Guragain, Y. Yokoyama, S. Yusa and K. Nakashima：*Langmuir*, **27**, 379 (2011).

7) B. P. Bastakoti, M. Inuoe, S. Yusa, S. H. Liao, K. C. W. Wu, K. Nakashima and Y. Yamauchi：*Chem. Commun.*, **48**, 6532 (2012).

8) S. Chavda, S. Yusa, M. Inoue, L. Abezgauz, E. Kesselman, D. Danino and P. Bahadur：*Eur. Polym. J.*, **49**, 209 (2013).

9) S. Zhai, Y. Manako, S. Yusa and K. Nakashima：*Chem. Lett.*, **42**, 735 (2013).

10) S. Zhai, Y. Manako, S. Yusa and K. Nakashima：*Bull. Chem. Soc. Jpn.*, **86**, 884 (2013).

11) S. Yusa, Y. Yokoyama and Y. Morishima：*Macromolecules*, **42**, 376 (2009).

12) M. K. Chun, C. S. Cho and H. K. Choi：*J. Appl. Polym. Sci.*, **94**, 2390 (2004).

13) F. Molnar and J. Rieger：*Langmuir*, **21**, 786 (2005).

14) S. Cebrián, N. Coron, G. Dambier, P. de Marcillac, E. García, I. G. Irastorza, J. Leblanc, A. Morales, J. Morales, A. Ortis de Solórzano, J. Puimedón, M. L. Sarsa and J. A. Villar：*Phys. Lett. B*, **563**, 48 (2003).

15) Z. Dong, X. Lai, J. E. Halpert, N. Yang, L. Yi, J. Zhai, D. Wang, Z. Tang and L. Jiong：*Adv. Mater.*, **24**, 1046 (2012).

16) C. Zhu, B. Lu, Q. Su, E. Xie and W. Lan：*Nanoscale*, **4**, 3060 (2012).

17) M. Chen, L. F. Hu, J. X. Xu, M. Y. Liao, L. M. Wu and X. S. Fang：*Small*, **7**, 2449 (2011).

18) L. Ge, X. Jing, J. Wang, J. Wang, S. Jamil, Q. Liu, F. Liu and M. Zhang：*J. Mater. Chem.*, **21**, 10750 (2011).

19) Z. -Y. Jiang, Z. -X. Xie, X. -H. Zhang, S. -C. Lin, T. Xu, S. -Y. Xie, R. -B. Huang and L. -S. Zheng：*Adv. Mater.*, **16**, 904 (2004).

20) Z. Deng, M. Chen, G. Gu and L. Wu：*J. Phys. Chem. B*, **112**, 16 (2008).

21) K. X. Yao and H. C. Zeng：*Chem. Mater.*, **24**, 140 (2012).

22) X. Shi, L. Pan, S. Chen, Y. Xiao, Q. Liu, L. Yuan, J. Sun and L. Cai：*Langmuir*, **25**, 5940 (2009).

23) P. X. Gao and Z. L. Wang：*J. Am. Chem. Soc.*, **125**, 11299 (2003).

24) R. L. Gustafson and J. A. Lirio：*J. Phys. Chem.*, **72**, 1502 (1968).

25) N. Kanari, D. Mishra, I. Gaballah and B. Dupré：*Thermochim. Acta*, **410**, 93 (2004).

26) E. Tomzig and R. Helbig：*J. Lumin.*, **14**, 403 (1976).

27) D. Liu and K. Nakashima：*Inorg. Chem.*, **48**, 3898 (2009).

28) M. Sasidharan, K. Nakashima, N. Gunawardhana, T. Yokoi, M. Inoue, S. Yusa, M. Yoshio

and T. Tatsumi：*Chem. Commun.*, **47**, 6921 (2011).

29) J. Liua, M. Sasidharana, D. Liua, Y. Yokoyama, S. Yusa and K. Nakashima：*Mater. Lett.*, **66**, 25 (2012).

30) M. Sasidharana, H. N. Luitel, N. Gunawardhana, M. Inoue, S. Yusa, T. Watari and K. Nakashima：*Mater. Lett.*, **73**, 4 (2012).

31) M. Sasidharan, N. Gunawardhana, M. Inoue, S. Yusa, M. Yoshio and K. Nakashima：*Chem. Commun.*, **48**, 3200 (2012).

32) B. P. Bastakoti, S. Guragain, Y. Yokoyama, S. Yusa and K. Nakashima：*New J. Chem.*, **36**, 125 (2012).

4 ベシクルテンプレートを利用した中空粒子の合成

石井治之[*]

4.1 はじめに

　ベシクルは界面活性剤の分子集合体のひとつで，界面活性剤の分子二重層であるラメラ膜内部に水を内包し閉じた構造であり，その形状は球状であることが多い。ベシクルを鋳型とするソフトテンプレート法では，固体粒子を鋳型とするハードテンプレート法に比べ，多様な構造の中空粒子を合成できる。溶媒には主に水が用いられており，合成時の環境負荷が小さいことも利点である。ベシクルテンプレート法ではこれまで金属[1~3]や金属酸化物[4]など，幅広い材質の中空粒子が合成されている[5]。その中でも中空シリカ粒子が，最も幅広くかつ多様な構造・形状が報告されている。ベシクルテンプレート法により合成される中空シリカ粒子は，ベシクルが医療・バイオ分野での応用が盛んに検討されていることもあり，フィラーなど従来の用途に加え界面活性剤を除去せずに薬物輸送担体としての利用が検討されている[6,7]。また近年では，ナノ粒子と複合化した機能性中空シリカ粒子の開発が注目を集めている[8,9]。本稿では，ベシクルテンプレートによる中空シリカ粒子の合成について，最近の研究を踏まえ述べる。

4.2 中空シリカ粒子の構造・形状を決定するベシクル構造・形状

　ベシクル（ラメラ構造）は，界面活性剤の分子集合体構造を決定する指標である臨界充填パラメータ（CPP）の値が1であるとき，形成するとされる[10]。界面活性剤分子はこのとき，シリンダー型構造をとり，2本のアルキル鎖を持つ二本鎖型の界面活性剤がこれに当てはまる場合が多い。ただし，ミセルを形成しやすく，親水部の表面積が大きな逆コーン型構造の一本鎖型の界面活性剤でもベシクルが形成することもある。これはCPPが界面活性剤分子の種類によって一義的に決まるものではなく，界面活性剤濃度や温度，また溶媒条件によっても大きく左右されるためである。特に，イオン性界面活性剤では荷電基の解離状態がpHに依存するため，ミセルやベシクルといった分子集合体構造が溶液pHによって変化する。したがって，ベシクルテンプレート法による中空シリカ粒子の合成では，多種多様のベシクルが鋳型として用いられており，それらの構造・形状が生成物である中空シリカ粒子の構造・形状を決定する。

　図1は，ベシクルテンプレート法によって合成される中空シリカ粒子の代表的な構造，形状を示す。単層や多層構造は，本手法で合成される中空シリカ粒子の一般的な構造である。ベシクルは調製条件により，ラメラ膜が1枚膜あるいは多重膜となった構造を形成する[11]。1枚膜のベシクルを鋳型とすると単層の，多重膜を鋳型とすると多層の中空シリカ粒子がそれぞれ形成する。ベシクルが1枚膜か多重膜になるか否かは調製条件の他に，ベシクルの粒径によっておおよそ分類できる。粒径が100 nmかそれ以下だと1枚膜ベシクルが形成しやすく，粒径が200 nmかそれ以上では多重膜ベシクルが形成する場合が多い。また，多重膜ベシクルの層数を精密に制御す

　＊　Haruyuki Ishii　東北大学　大学院工学研究科　化学工学専攻　助教

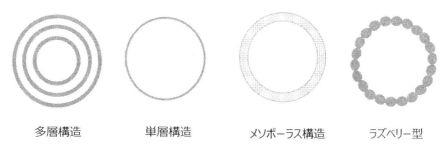

多層構造　　　　　　単層構造　　　　　メソポーラス構造　　　ラズベリー型

図1　ベシクルテンプレート法により形成する中空シリカ粒子の構造・形状

ることは一般的に難しい。よって，中空シリカ粒子の構造は反応前に形成したベシクル構造によって決定されることが多い。ただし，添加したシリカ原料と界面活性剤分子間の相互作用によりベシクル構造が変化する場合もあり，中空シリカ粒子の単層や多層構造が反応前のベシクル構造と一致しないこともある。

　メソポーラス構造やラズベリー型形状は，ベシクル近傍のシリカの析出反応をうまく制御することで形成させることができる。メソポーラス構造は，ベシクルとともにミセルが共存する条件で形成する。メソポーラスシリカの合成メカニズム[12,13]と同様のミセルを伴ったシリカの析出がベシクル近傍で生じ，形成するシリカ層が周期的で規則的な構造のメソポーラス構造となる。高比表面積な中空シリカ粒子を得るのに有用である。ラズベリー型の中空シリカ粒子は，生成したシリカナノ粒子をベシクル表面へ集積させることで得ることができる。これまでの報告では，数十nm径のミセルを鋳型として生成したシリカナノ粒子を共存するベシクル表面に集積させることでラズベリー型の形状を形成させる手法がある[14]。また筆者らは，アニオン性ベシクル近傍でシリカナノ粒子を生成させ，そのナノ粒子がベシクル表面で連結したような構造のラズベリー型中空シリカ粒子の合成に成功している[15]。

　図1に示した構造の他には，球状とは異なる物性が期待できる非球状の中空シリカ粒子を合成することもできる。チューブ形状[16]やベシクルとミセル構造の中間体の形状[17]の中空シリカ粒子の合成が報告されている。

4.3　ベシクルテンプレート法で用いられるベシクルの種類

　上記で紹介した種々の構造・形状の中空シリカ粒子は，多種多様なベシクルを鋳型として合成されており，イオン性界面活性剤が用いられることが多い。表に，カチオン性，中性，アニオン性ベシクル，そしてブロック共重合体を含むベシクルを鋳型とした中空シリカ粒子の合成例をまとめた。

　カチオン性ベシクルは，中空シリカ粒子の鋳型として報告例が多い。ベシクル近傍でのシリカの析出は，自然界のバイオミネラリゼーション現象の一例として古くより知られていた[18]。無機材料としての中空シリカ粒子に注目が集まるきっかけは，1990年代にPinnavaiaのグループに

表1　ベシクルテンプレート法で合成される中空シリカ粒子

ベシクル分類	界面活性剤の種類	中空シリカ粒子の構造・形状	文献
カチオン性ベシクル	一本鎖カチオン性	多層（高比表面積）	Pinavaia et al., [19]
	二本鎖カチオン性	単層	Hubert et al., [20]
	一本鎖カチオン性	単層，メソポーラス	Tan et al., [21]
	二本鎖カチオン性 一本鎖カチオン性	多層	Sakai et al., [22]
	二本鎖カチオン性 一本鎖カチオン性	多層，メソポーラス（層数制御）	Zhang et al., [23]
中性ベシクル	リン脂質	単層	Bégu et al., [6, 24]
	リン脂質	チューブ形状	Tan et al., [16]
	一本鎖カチオン性 一本鎖アニオン性	単層	Kaler et al., [25]
	一本鎖カチオン性 一本鎖アニオン性	多様な構造・形状	Wang et al., [26]
アニオン性ベシクル	リン脂質 二本鎖アニオン性	ラズベリー型	Ishii et al., [15]
	一本鎖アニオン性	単層，メソポーラス	Ishii et al., [9]
ブロック共重合体含有ベシクル	トリブロックコポリマー	ラズベリー型，メソポーラス	Yu et al., [14]
	トリブロックコポリマー	多様な構造・形状	Wang et al., [17]
	トリブロックコポリマー 一本鎖カチオン性 一本鎖アニオン性	単層，メソポーラス	Yeh et al., [28]
	トリブロックコポリマー 一本鎖カチオン性	多層，メソポーラス	Qiao et al., [29]

よる高い比表面積を持つ中空シリカ粒子合成の報告であろう[19]。このとき，生成した中空シリカ粒子は多重膜ベシクルを鋳型とした多層構造であった。この報告以降，カチオン性ベシクルを鋳型とした中空シリカ粒子の研究が広く行われてきた[20~22]。カチオン性ベシクルには，ミセルを鋳型としたメソポーラスシリカ合成で用いられる一本鎖あるいは二本鎖型のカチオン性界面活性剤が用いられることが多く，生成する中空シリカ粒子は高比表面積を持つものが多い。図2は，筆者が合成した中空シリカ粒子である。一本鎖型カチオン性界面活性剤を用いており，メソポーラス構造を持つ比表面積の高い粒子である。最近の研究では，一本鎖と二本鎖型のカチオン性界面活性剤の混合比を変えることで，これまで制御が困難であったシリカ層の層数を精密に制御した

多層構造の中空シリカ粒子の合成が報告されている[23]。

　中性ベシクルでは，イオン基にカチオン性とアニオン性を有する双性界面活性剤であるリン脂質から構成されたリポソームを鋳型とした報告例が多い。リポソームが医療・バイオ分野で幅広く応用されていることから，リポソームに薬物や蛍光物質を封入した状態でシリカを被覆し，薬物送達担体として利用した応用研究が進んでいる。Bégu らはシリカ被覆リポソームを「Liposil」と名付け，精力的に研究に取り組んでいる[6, 24]。リポソームの他には，一本鎖型のカチオン性界面活性剤とアニオン性界面活性剤を混合して形成するベシクル（Catanionic vesicle）を鋳型として中空シリカ粒子が合成されている[25]。図3は，アニオン性およびカチオン性の一本鎖型界面活性剤の混合溶液中で，筆者が合成した多層構造を持つ中空シリカ粒子である。一本鎖型のイオン性界面活性剤は水に溶解しやすいものが多く，カチオン性とアニオン性のものを混合するだけでベシクルが形成し，簡便に中空シリカ粒子を合成できる。アニオン性およびカチオン性の一本鎖型界面活性剤を用いた系ではまた，中空シリカ粒子の構造・形状を大きく変化できることが近

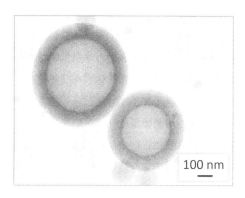

図2　カチオン性ベシクルを鋳型としたメソポーラス構造を持つ中空シリカ粒子（一本鎖カチオン性界面活性剤を用いた）

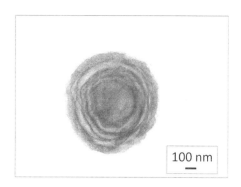

図3　中性ベシクルを鋳型とした多層構造を持つ中空シリカ粒子（Catanionic Vesicleを用いた）

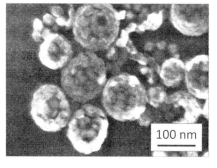

図4　アニオン性ベシクルを鋳型としたラズベリー型中空シリカ粒子（アニオン性リポソームを用いた）

年報告されている[26]。

　アニオン性ベシクルにおいて，筆者はアニオン性の両親媒性分子を添加したリポソームを鋳型として，図4に示すラズベリー型の構造を持つ中空シリカ粒子の合成に成功している[15]。この研究では，アニオン性リポソーム表面のゼータ電位を適切に制御する必要がある。ゼータ電位が弱いと生成粒子は凝集し，逆にゼータ電位が負に強いとシリカナノ粒子がベシクル表面に集積することなく水相で生成することがわかっている。筆者はまた，pHによってベシクルを容易に調製できるオレイン酸ナトリウム水溶液中で，アニオン性ベシクルを鋳型とした高比表面積の中空シリカ粒子の合成にも成功している[9]。収量増大のためには，アニオン性の一本鎖型界面活性剤を用いるメソポーラスシリカ合成[27]で広く利用されていた，カチオン性の有機シラン化合物の添加が有効であった。一本鎖型界面活性剤を用いたこの手法は，中空シリカ粒子を低コストで大量に合成できることが期待される。

　近年では，分子量やモノマー種の組み合わせを合成時に変化させることで，親・疎水性を自在に制御できるブロック共重合体を鋳型とした中空シリカ粒子の合成に関する報告が増加傾向にある。これまで述べてきたイオン性界面活性剤と比べ，ブロック共重合体の分子量ははるかに大きいため，その分子集合体は多様な構造をとる。また，ブロック共重合体を用いて合成した中空シリカ粒子は，細孔径が大きいメソポーラス構造を有することが多い[28, 29]。単層・多層構造の他には，ラズベリー型構造[14]やイオン性界面活性剤を鋳型とした研究では報告例がないような構造[17]が報告されている。したがって，ブロック共重合体の使用は，ベシクルテンプレート法による中空シリカ粒子の構造・形状をより多様化できると期待されている。

4.4　ナノ粒子を内包した中空シリカ粒子の合成

　中空シリカ粒子の用途拡大には異種材料の複合化が有用である。中空シリカ粒子とは異なる特性の材料を複合化させることで，複数の機能を有する機能性微粒子の開発が可能となる。特に，ナノ粒子との複合化では，触媒や医療・光学材料など幅広い分野での応用が期待されている。例えばナノ粒子を中空シリカ粒子に内包した構造は，ナノ粒子同士の過度な凝集を防ぎ，ナノ粒子本来の機能を損なうことなく利用できる。この構造をハードテンプレート法で合成するには多段階で煩雑なプロセスを要するのに対し，ベシクルテンプレート法では簡便に合成できる。図5に

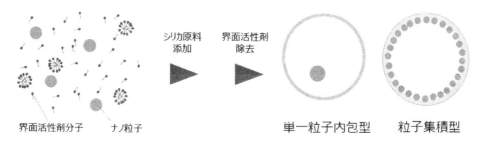

図5　ベシクルを利用したナノ粒子内包型中空シリカ粒子の合成法

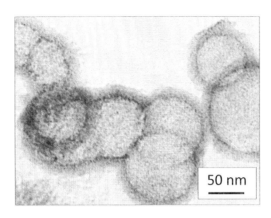

図 6　CeO$_2$ ナノ粒子が内部に集積した中空シリカ
粒子（オレイン酸ナトリウムを用いた）

示すように，ナノ粒子存在下でベシクルの形成およびシリカ析出反応を行うだけで，ナノ粒子を中空シリカ粒子に内包できる。単一のナノ粒子を内包した構造[8,30]やナノ粒子を内部に集積した構造[9]の中空シリカ粒子が報告されている。図 6 は筆者が作製したナノ粒子集積型の中空シリカ粒子である[9]。粒径が数ナノメートルの酸化セリウムナノ粒子を用い，ナノ粒子が密に集積した粒子の合成に成功した。この手法は金ナノ粒子など他のナノ粒子でも有用であることは確認している。したがって，中空シリカ粒子内のナノ粒子の種類や構造，集積構造を精密に制御できれば，ベシクルテンプレート法による高性能な機能性微粒子の開発が期待できる。

4.5　おわりに

　ベシクルテンプレート法によって，これまで多様な構造・形状の中空シリカ粒子が合成されており，近年ではナノ粒子をはじめとする異種材料を複合化した機能性中空シリカ粒子の合成が検討されている。これらの知見は，中空粒子の開発・応用展開に大きく貢献するものである。今後は，ベシクルテンプレート法により合成された中空粒子が，従来法で合成される中空粒子よりも優れた機能を示すような適切な粒子設計が望まれる。

※本稿についてのお問い合わせは下記までご連絡ください。

E-mail：ishii.haruyuki@tohoku.ac.jp
電話：022-795-7242

文　　献

1) X. Zhang and D. Li, *Angew. Chem. Int. Ed.* **45**, 5971 (2006)

2) S. F. Wang *et al.*, *Langmuir* **22**, 398 (2006)

3) H. Li *et al.*, *Adv. Funct. Mater.* **18**, 3235 (2008)

4) H. Xu and W. Wang, *Angew. Chem. Int. Ed.* **46**, 1489 (2007)

5) R. Dong *et al.*, *Acc. Chem. Res.* **45**, 504 (2012)

6) S. Bégu *et al.*, *J. Control Release* **118**, 1 (2007)

7) S. Shen *et al.*, *Soft Matter* **7**, 1001 (2011)

8) X.-J. Wu and D. Xu, *J. Am. Chem. Soc.* **131**, 2774 (2009)

9) H. Ishii *et al.*, *Colloids Surf. A : Physicochem. Eng. Aspects* **441**, 638 (2014)

10) 國枝博信，坂本一民　監修，「界面活性剤と両親媒性高分子の機能と応用」，シーエムシー出版 (2005)

11) V. P. Torchilin and V. Weissig, "Liposomes, A Practical Approach (2nd Ed.)", Oxford University Press (2002)

12) K. Kuroda *et al.*, *Bull. Chem. Soc. Jpn.* **63**, 988 (1990)

13) J. S. Beck *et al.*, *Nature* **359**, 710 (1992)

14) M. Yu *et al.*, *J. Am. Chem. Soc.* **129**, 14576 (2007)

15) H. Ishii *et al.*, *Colloids Surf. B : Biointerfaces* **92**, 372 (2012)

16) G. Tan *et al.*, *Soft Matter* **5**, 3006 (2009)

17) H. Wang *et al.*, *Adv. Funct. Mater.* **17**, 613 (2007)

18) S. Mann, *J. Mater. Chem.* **5**, 935 (1995)

19) P. T. Tanev and T. J. Pinnavaia, *Science* **271**, 1267 (1996)

20) D. H. W. Hubert *et al.*, *Adv. Mater.* **12**, 1291 (2000)

21) B. Tan *et al.*, *Adv. Mater.* **17**, 2368 (2005)

22) H. Sakai *et al.*, *Chem. Lett.* **38**, 120 (2009)

23) Y. Zhang *et al.*, *Chem. Commun.* **50**, 2907 (2014)

24) S. Bégu *et al.*, *Chem. Commun.*, 640 (2003)

25) E. W. Kaler *et al.*, *Langmuir* **19**, 1069 (2003)

26) C. Wang *et al.*, *RSC Adv.* **4**, 37270 (2014)

27) T. Tasumi *et al.*, *Nature Mater.* **2**, 801 (2003)

28) Y.-Q. Yeh *et al.*, *Langmuir* **22**, 6 (2006)

29) S. Z. Qiao *et al.*, *J. Mater. Chem.* **20**, 4595 (2010)

30) S. Z. Qiao *et al.*, *Angew. Chem. Int. Ed.* **49**, 4981 (2010)

5 表面修飾された高分子微粒子をテンプレートに用いた中空粒子の調製

谷口竜王[*]

5.1 はじめに

　高分子微粒子は，塗料や接着剤などに使用される重要な工業用分散材料のひとつであるが，液晶ディスプレイ用スペーサー，カラム充填剤，臨床検査薬などの高付加価値材料への応用も盛んになっている。また，近年では有機化合物と無機化合物の特性を兼ね備えた有機／無機複合材料のテンプレートとして，様々な分野で利用されている。高分子微粒子と無機材料との複合化の手法としては，静電吸着，シラノール基を有するモノマーとの共重合などが提案されており，高分子微粒子の表面設計はたいへん重要である。

　粒子の表面組成が内部組成と異なるコア－シェル粒子は，高分子微粒子の用途を拡大することが期待されており，固体材料表面から高分子鎖を生やす表面グラフト重合は有望な手法として注目されている。なかでも，分子量および分子量分布を制御することができる制御／リビングラジカル重合（Controlled/Living Radical Polymerization：CRP）を表面グラフト重合に適用した研究が活発に行われている。CRP のなかで，原子移動ラジカル重合（Atom Transfer Radical Polymerization：ATRP）は重合系の設計の自由度が高く，温和な条件下でポリマーを合成することができることから，最も精力的に研究されており，ブロックポリマー，グラフトポリマー，星形ポリマーなど様々な形態の高分子が合成されている[1~8]。ATRP では，ドーマント種（P_n–X）のハロゲンが遷移金属錯体（$Mt^n X_n$ Ligand）に引き抜かれることにより，活性種である生長炭素ラジカル（$P_n \cdot$）が生成し，これにモノマーが付加することで重合が進行する。ドーマント種と活性種の平衡によりラジカル濃度が低く保たれるため，ラジカルどうしの停止反応が生長反応に対して相対的に抑制され，リビング的にラジカル重合が進行する（図1）。これまでに ATRP に適用できるモノマーの種類，開始剤，錯体など重合系の設計に関する系統的な研究が行われており，総説などにまとめられている。

　我々は，ソープフリー乳化重合などの高分子微粒子合成法により合成したコア粒子表面からATRP によるグラフト重合を行い，コア粒子表面にグラフトされたシェル層をシリカなどの金

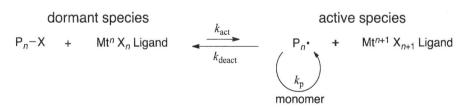

図1　ATRP の反応機構

＊　Tatsuo Taniguchi　千葉大学大学院　工学研究科　准教授

属酸化物の生成の反応場および堆積場として利用した有機／無機複合粒子の調製について検討してきた。本稿では，高分子コア粒子の合成，高分子コア粒子表面からの ATRP によるコア‐シェル粒子の合成，そして無機材料との複合化および中空粒子の調製について紹介する。

5.2 テンプレートとなるコア‐シェル粒子の合成
5.2.1 ソープフリー乳化重合によるコア粒子の合成

　高分子微粒子の水分散体であるラテックスの合成法として最もよく知られている乳化重合は，界面活性剤（乳化剤）水溶液中で水溶性開始剤を用いて油溶性モノマーを重合する手法である。乳化重合の動力学的研究は，Harkins の定性的な反応機構を基盤とする Smith-Ewart の定量的な解析により進展し，モノマーで膨潤した高分子微粒子が主要な生長場として重合反応が進行することが示されている[9~12]。乳化重合において，界面活性剤はミセル形成や粒子への分散安定性の付与など重要な役割を果たしている一方で，界面活性剤の脱離による泡立ちやブリードアウトの原因となるだけでなく，バイオメディカル分野での応用ではタンパク質の変性などの問題が指摘されている。このような問題を解決する方法として，界面活性剤を使用しないソープフリー乳化重合が広く行われている。油溶性モノマーの代表である styrene（St）もわずかながら水に溶解するため，水相中で分子溶解した St の重合が進行する。高分子鎖が臨界鎖長まで生長すると析出して核を生成するが，開始剤由来の親水基が核の表面に露出したミセル類似構造を形成するため，以降は乳化重合と同様の過程を経てポリマー粒子となる。ソープフリー乳化重合の利点として，機能性モノマーとの共重合による高分子微粒子表面への官能基の導入と，水溶性モノマーを添加することによる高分子微粒子の粒径制御を挙げることができる[13~26]。

　ATRP 開始基を高分子コア表面に導入する方法として，ATRP 開始基を有するモノマーとの重合（乳化重合，シード重合，懸濁重合），粒子表面の官能基の変換などが報告されているが，我々はソープフリー乳化重合の特徴を活かして，重合開始時に粒径制御に使用する水溶性モノマーを仕込み，重合開始後に機能団を導入するために使用する機能性モノマーを加える手法を組み合わせた高分子微粒子合成を行っている[27~39]。粒径を制御するためにカチオン性の *N-n-*butyl-*N*-2-methacryloyloxyethyl-*N,N*-dimethylammonium bromide（C₄DMAEMA），表面に ATRP 開始基を導入するために 2-(2-chloropropionyloxy)ethyl methacrylate（CPEM），開始剤に 2,2'-azobis（2-amidinopropane）dihydrochloride（V50）を用いた St のソープフリー乳化重合

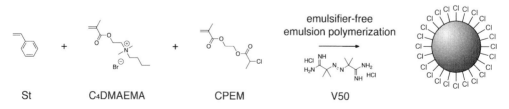

図2　ソープフリー乳化重合による ATRP 開始基を有する高分子微粒子の合成

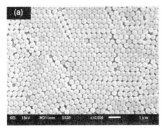  

図3　各種粒子の SEM 写真
(a)コア粒子, (b)コア－シェル粒子, (c)有機／無機複合粒子。

（図2）により，スムースな表面を有する単分散な高分子コア粒子が得られた（図3(a)）。St に対する C_4DMAEMA 仕込み濃度の増加とともに高分子コア粒子の粒径は減少し，水溶性モノマーの添加量によりサブミクロンサイズの高分子微粒子の粒径を制御することが可能であった。^{1}H NMR 測定より，高分子コア粒子には ATRP 開始基を有する CPEM が St に対して 10 mol% 程度まで定量的に共重合することができた。

5.2.2　コア粒子表面からの ATRP によるコア－シェル粒子の合成

高分子微粒子表面からの ATRP によるグラフト重合では，目的とする用途に適合するモノマーを適切に選択することが重要である。我々は，側鎖に poly(ethylene oxide)（PEO）を有するメタクリレート，糖骨格を有するモノマーなどの ATRP によるグラフト重合を検討してきたが，無機材料との複合化には水溶性の 2-(N,N-dimethylamino)ethyl methacrylate(DMAEMA) に着目している。図3に示した ATRP 開始基を有するラテックス粒子を用いて，DMAEMA の表面開始 ATRP を行ったところ，それぞれ 100 nm 程度までシェル層の厚みを増加させることができた（図3(b)）。また，^{1}H NMR によりグラフト量を測定したところ，DMAEMA 仕込み量とともに St に対して 30 mol% 程度まで増加しており，コアの粒径とシェルの厚みを独立に制御することが可能であった。

高分子微粒子表面の ATRP 開始基およびグラフト密度を見積もる方法は，滴定法以外にあまり報告されていないが，我々はクリックケミストリー（copper-catalyzed azide-alkyne cycloaddition：CuAAC）と蛍光法とを組み合わせた評価手法を開発した[40,41]。高分子微粒子表面の露出している CPEM の側鎖に由来する α-ハロエステル基を sodium azide と反応させ，アジド基に変換した。アジド化された高分子微粒子を THF に溶解させ，alkyne を有する dansyl 誘導体である 5-(N,N-dimethylamino)-N'-(prop-2-yn-1-yl)naphthalene-1-sulfonamide を反応させることで，蛍光ラベル化を行った。蛍光強度から見積もられる ATRP 開始基は 0.21 groups/nm^2 であった。また，2-hydroxyethyl acrylate の ATRP を行い，^{1}H NMR および GPC によりグラフト密度を算出したところ，0.16 chains/nm^2 となったことから，グラフト鎖が比較的伸びた状態（準濃厚ブラシ）であると考えられる。

5.3 コア‐シェル粒子をテンプレートとする有機／無機複合粒子および中空粒子の調製

5.3.1 サブミクロンサイズの中空粒子の作製

　DMAEMA を用いたポリマーのテンプレートとしては，DMAEMA と疎水性の 2-(N,N-diisopropylamino) ethyl methacrylate とのブロックポリマーからなるポリマーミセル，四級化した DMAEMA と acrylamide とのミクロゲルなどが報告されているが，いずれもシリカとの静電吸着を基盤とした複合化である[42, 43]。DMAEMA は側鎖にジメチルアミノ基を有しており（pK_a=7.4），DMAEMA の重合により得られるポリマーPDMAEMA が水溶液中でプロトン化すると，PDMAEMA 周辺における水酸化物イオンの局所濃度が高く，コア粒子表面にグラフトした PDMAEMA シェル層内で選択的にシリカやチタニアなどの金属酸化物の前駆体である金属アルコキシドが加水分解と重縮合が進行することが期待できる（図4）。そこで，5.2.2で合成したコア‐シェル粒子とシリカとの複合化について検討した。tetraethoxysilane（TEOS）の媒体への溶解性を向上させるため，コア‐シェル粒子の水/methanol 分散液に TEOS を添加し，シリカとの複合化を行った。複合化に最適な反応条件を検討したところ，60/40（v/v）の混合溶媒中，20℃ で 48 h 反応させることにより，均一なモルフォロジーを有する有機/無機複合粒子を得ることができた（図3(c)）[44]。

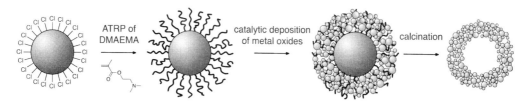

図4　コア‐シェル粒子をテンプレートに用いたサブミクロンサイズの有機 / 無機
　　　複合粒子および中空粒子の作製

　本手法は，tetra-n-butyl titanate（TnBT）を用いたチタニアとの複合化も可能である[45]。なお，TEOS と比較して TnBT の加水分解と重縮合の反応速度が大きいため，これを抑制するために acetylacetone を少量添加して検討した。コア‐シェル粒子をテンプレートとして用いることにより，シリカと同様にチタニアとの複合化することができた（図5（a-1）and（b-1））。また，500℃ でポリマー成分を熱分解すると，数 nm の大きさを有するチタニア結晶から成る中空粒子を得ることができた（図5（a-2）and（b-2））。TGA により測定したコア‐シェル粒子1個あたりに担持されたシリカの重量は，コア粒子とは無関係に PDMAEMA グラフト量に比例しており，PDMAMEA グラフト層が TnBT の加水分解と重縮合の効果的な触媒として機能し，チタニアが担持されていることを示している。

　XRD 測定によりチタニアの結晶構造を評価したところ，コア‐シェル粒子および加熱前の複合粒子はアモルファスあるいは長周期構造を持たないガラスに見られるハローパターンが現れているだけであったが，加熱処理後の中空粒子では光活性を示すアナターゼ型のチタニアに特徴的

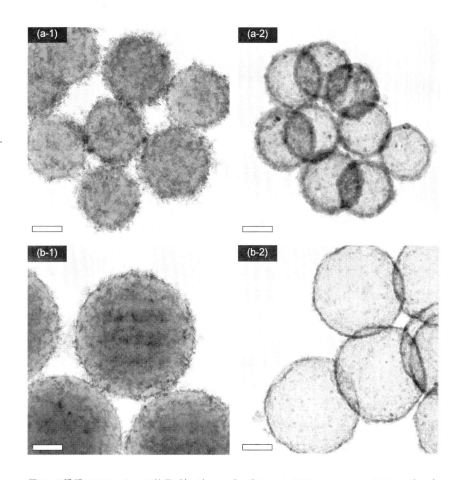

図5　2種類のコア-シェル粒子（(a-1) and (a-2)：d_{core}＝211 nm, $d_{core\text{-}shell}$＝342 nm, (b-1) and (b-2)：d_{core}＝442 nm, $d_{core\text{-}shell}$＝619 nm)）から作製したサブミクロンサイズの有機 / 無機複合粒子およびチタニア中空粒子の TEM 写真 (Scale bars 100 nm)

なピークが現れた。また，ルチルやブルッカイトなど他の構造がないことから，純度の高いアナターゼ型チタニア中空粒子が得られていると考えられる。グラフトポリマーを触媒として利用する本手法は，従来までのチタニア中空粒子調製法とは異なる手法として有効である[46〜52]。

5. 3. 2　ミクロンサイズの中空粒子の作製

　ソープフリー乳化重合と ATRP を組み合わせた上述の手法では，実質的に適用できるサイズは，中空径が70〜600 nm，シェル厚が5〜100 nm である。そこで，サブミクロンサイズより大きなミクロンサイズの中空粒子を作製するために，異種粒子間の凝集体であるヘテロ凝集体を用いた複合粒子および中空粒子の調製を試みた（図6）[53,54]。なお，ミクロンサイズのコア粒子および ATRP 開始基を有するミクロンサイズのシェル粒子は，それぞれ St の分散重合および前述のソープフリー乳化重合により合成し，被覆率（θ）の異なるヘテロ凝集体を調製した。被覆率の低い（$\theta = 0.51$）ヘテロ凝集体（図7 (a-1)）では，コア粒子上にシェル粒子表面の

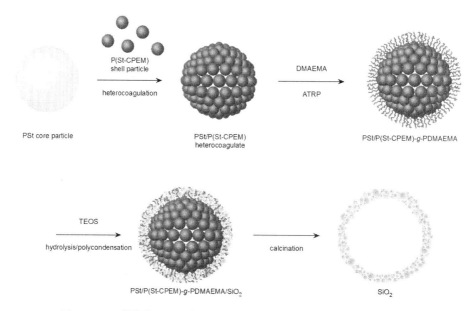

図6 ヘテロ凝集体をテンプレートに用いたミクロンサイズの有機 / 無機複合粒子および中空粒子の作製

PDMAEMA グラフト層が孤立して存在しているため，複合化粒子を熱分解すると表面に空孔構造を有するサブミクロンサイズのボウル状シリカ中空粒子が得られた（図7（a-2））。一方，被覆率の高い（$\theta = 0.81$）ヘテロ凝集体（図7（b-1））では，シェル粒子表面で連続的なPDMAEMA グラフト層が形成されるために，ミクロンサイズのラズベリー型のシリカ中空粒子が得られた（図7（b-2））。破断面を観察すると，コア粒子とシェル粒子とが接する部分にはシリカが堆積せず，内壁に多数の空孔が形成されていた。以上の結果より，粒子表面にグラフトしたPDMAEMA シェル層の触媒作用を利用した本手法は，テンプレートの形状を反映する有機 /複合粒子および無機中空粒子の調製法として有用であると示された。

5.3.3　ナノサイズの中空粒子の作製

　テンプレートに高分子微粒子を用いる手法以外にも，soft templating method としてエマルションなどをテンプレートに用いた手法の検討も進んでおり，シリコンオイルを用いた oil-in-water（O/W）型エマルションを用いたミクロンサイズのシリカ中空粒子，cyclohexane を用いた water-in-oil（W/O）型エマルションを用いたサブミクロンサイズのシリカ中級粒子の作製など，エマルションを利用した手法が報告されている[55, 56]。これまでに，膜乳化法，高圧ホモジナイザーなど機械的手法によるエマルション作製法が多く利用されているが，我々は界面化学的手法のなかでも低エネルギープロセスである転相温度（Phase Inversion Temperature：PIT）乳化法による O/W 型ナノエマルションに着目した検討を行っている[57, 58]。PIT 乳化法では，一般に温度応答性を有する PEO などを有するノニオン性界面活性剤が使用される。油相，水相，界面活性剤の3成分系において，低温では水に対するノニオン性界面活性剤の親和性が高く，曲率

図7　被覆率（θ）の異なるヘテロ凝集体をテンプレートに用いて調製した
　　　シリカ中空粒子の SEM 写真

(a-1) ヘテロ凝集体（θ = 0.51），(a-2)：空孔を有するボウル状のサブミク
ロンサイズのシリカ中空粒子，(b-1)：ヘテロ凝集体（θ = 0.81），(b-2)：ミ
クロンサイズのラズベリー型シリカ中空粒子とその内部構造（inset）。

は正となり，連続相が水である O/W 型エマルションを形成する。一方，PIT 以上の高温ではノ
ニオン部位周辺で水和している水分子間の水素結合の切断により脱水和されるため，曲率が負と
なり，W/O 型エマルションを形成する。したがって，PIT 付近では曲率が 0 となり，水 / 油の
界面張力が著しく低下するため，撹拌しながら PIT 以下に温度を下げると，安定な O/W 型ナノ
エマルションが得られる。

　我々は，DMAEMA と St との逐次的な ATRP により合成したブロック鎖長の異なる 3 種類の
両親媒性ブロックポリマー PDMAEMA$_{55}$-b-PSt$_{27}$-Cl, PDMAEMA$_{59}$-b-PSt$_{20}$-Cl, PDMAEMA$_{75}$-
b-PSt$_{19}$-Cl を界面活性剤として使用し，toluene の PIT 乳化を行った（図8）。得られた O/W 型
ナノエマルションに，methanol 存在下 TEOS を添加することにより，シリカ中空粒子を作製し
た。TEM 画像より，ブロックポリマーの疎水性 PSt ブロックおよび親水性の PDMAEMA ブ
ロックに依存して，中空径ならびにシェル厚の異なるシリカ中空粒子を調製できることが明らか
になった（図9）。現時点では単分散なナノサイズの高分子微粒子を作成する適切な方法は確立
されていないこともあり，ナノサイズの中空粒子作製法として，エマルション滴をテンプレート
に利用する本手法は有望であると考えられる。

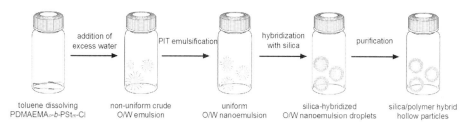

図8 ブロックポリマーPDMAEMA$_n$-b-PSt$_m$-Cl を界面活性剤に用いた転相温度（PIT）乳化法により調製した O/W 型ナノエマルション油滴をテンプレートに用いたナノサイズのシリカ中空粒子の作製

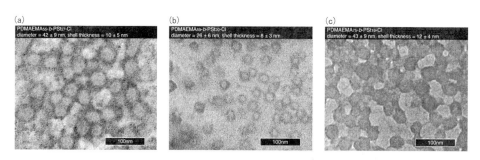

図9 ブロック鎖長が与えるシリカ中空粒子の中空サイズおよびシェル厚への影響
(a) PDMAEMA$_{55}$-b-PSt$_{27}$-Cl, (b) PDMAEMA$_{59}$-b-PSt$_{20}$-Cl, (c) PDMAEMA$_{75}$-b-PSt$_{19}$-Cl。

5.4 おわりに

　本稿では，触媒機能を有するポリマーで修飾された高分子微粒子をテンプレートに用いて，ナノサイズ，サブミクロンサイズ，ミクロンサイズの有機／無機複合粒子および無機中空粒子の調製について紹介した。高分子微粒子表面にグラフトされたシェル層を触媒的反応容器として利用することにより，テンプレートのモルフォロジーを制御することが可能であった。今後は，CRPの技術的な進展とともに，テンプレートの構造を厳密に分析し，機能と構造との関連性から複合粒子および中空粒子の高機能化を図る必要があると考えられる。

文　　献

1) M. Kato *et al.*, *Macromolecules*, **28**, 1721 (1995)
2) J.-S. Wang *et al.*, *Macromolecules*, **28**, 7901 (1995)
3) V. Percec *et al.*, *Macromolecules*, **28**, 7970 (1995)

4) K. Matyjaszewski *et al.*, *Chem. Rev.*, **101**, 2921 (2001)

5) V. Coessens *et al.*, *Prog. Polym. Sci.*, **26**, 337 (2001)

6) M. Kamigaito *et al.*, *Chem. Rev.*, **101**, 3689 (2001)

7) M. Kamigaito *et al.*, *Chem. Rec.*, **3**, 159 (2004)

8) W. A. Braunecker *et al.*, *Prog. Polym. Sci.*, **32**, 93 (2007)

9) W. D. Harkins, *J. Chem. Phys.*, **13**, 381 (1945)

10) W. D. Harkins, *J. Chem. Phys.*, **14**, 47 (1946)

11) W. D. Harkins, *J. Am. Chem. Soc.*, **69**, 1428 (1947)

12) W. V. Smith *et al.*, *J. Chem. Phys.*, **16**, 592 (1948)

13) G. W. Ceska, *J. Appl. Polym. Sci.*, **18**, 427 (1974)

14) G. W. Ceska, *J. Appl. Polym. Sci.*, **18**, 2493 (1974)

15) F. Ganachaud *et al.*, *J. Appl. Polym. Sci.*, **65**, 2315 (1998)

16) F. Sauzedde *et al.*, *J. Appl. Polym. Sci.*, **65**, 2331 (1998)

17) H.-H. Chu *et al.*, *Polym. Bull.*, **44**, 337 (2000)

18) A. M. Imroz Ali *et al.*, *Polym.*, **46**, 1017 (2005)

19) E. Zurlová *et al.*, *J. Polym. Sci. Polym. Chem.*, **21**, 2949 (1983)

20) H. Mouaziz *et al.*, *Macromolecules*, **37**, 1319 (2004)

21) B. Verrier-Charleux *et al.*, *Colloid Polym. Sci.*, **269**, 398 (1991)

22) T. Delair *et al.*, *Colloid Polym. Sci.*, **272**, 962 (1994)

23) M. Kashiwabara *et al.*, *Colloid Polym. Sci.*, **273**, 339 (1995)

24) K. Nakahama *et al.*, *Langmuir*, **16**, 7882 (2000)

25) K. Nagai *et al.*, *Colloids Surfaces A：Physiochem. Eng. Aspects*, **153**, 133 (1999)

26) M. Herold *et al.*, *Macromol. Chem. Phys.*, **204**, 770 (2003)

27) M. M. Guerrini *et al.*, *Macromol. Rapid Commun.*, **21**, 669 (2000)

28) T. Taniguchi *et al.*, *Colloids Surfaces B：Biointerfaces*, **71**, 194 (2009)

29) T. Taniguchi *et al.*, *Colloids Surfaces A：Physicochem. Eng. Aspects*, **369**, 240 (2010)

30) N. K. Jayachandran *et al.*, *Macromolecules*, **35**, 4247 (2002)

31) Z. Cheng *et al.*, *Ind. Eng. Chem. Res.*, **44**, 7098 (2005)

32) K. Min *et al.*, *J. Polym. Sci. Part A：Polym. Chem.*, **40**, 892 (2002)

33) H. B. Sonmeza *et al.*, *React. Funct. Polym.*, **55**, 1 (2003)

34) B. F. Senkal *et al.*, *Euro. Polym. J.*, **39**, 327 (2003)

35) G. Zheng *et al.*, *Macromolecules*, **35**, 6828 (2002)

36) G. Zheng *et al.*, *Macromolecules*, **35**, 7612 (2002)

37) D. Bontempo *et al.*, *Macromol. Rapid Commun.*, **23**, 417 (2002)

38) H. Ahmad *et al.*, *Langmuir*, **24**, 688 (2008)

39) Y. Chen *et al.*, *Adv. Funct. Mater.*, **15**, 113 (2005)

40) M. Kasuya *et al.*, *J. Polym. Sci. Part A：Polym. Chem.*, **51**, 4042 (2013)

41) M. Kasuya *et al.*, *Polymer*, **55**, 5080 (2014)

42) J.-J. Yuan *et al.*, *J. Am. Chem. Soc.*, **129**, 1717 (2007)

43) F. Zhou *et al.*, *Langmuir*, **23**, 9737 (2007)

44) T. Taniguchi *et al.*, *J. Colloid Interface Sci.*, **347**, 62 (2010)

45) T. Taniguchi *et al.*, *Colloid Polym. Sci.*, **291**, 215 (2013)

46) A. Imhof, *Langmuir*, **17**, 3579 (2001)

47) X. Cheng *et al.*, *Langmuir*, **22**, 3858 (2006)

48) F. Caruso *et al.*, *Adv. Mater.*, **13**, 740 (2001)

49) M. Agrawal *et al.*, *Colloid Polym. Sci.*, **286**, 593 (2008)

50) J. Yu *et al.*, *Cryst. Growth Des.*, **8**, 930 (2008)

51) H. G. Yang *et al.*, *J. Phys. Chem. B*, **108**, 3492 (2004)

52) W. M. Wang *et al.*, *J. Mater. Res.*, **20**, 796 (2005)

53) T. Taniguchi *et al.*, *Colloids Surfaces A : Physicochem. Eng. Aspects*, **356**, 169 (2010)

54) T. Taniguchi *et al.*, *J. Colloid Interface Sci.*, **368**, 107 (2012)

55) C. I. Zoldesi *et al.*, *Adv. Mater.*, **17**, 924 (2005)

56) W. Hu *et al.*, *Colloid Polym. Sci.*, **291**, 2697 (2013)

57) Y. Sasaki *et al.*, *Trans. Mat. Res. Soc. Jpn.*, **39**, 125 (2014)

58) Y. Sasaki *et al.*, *Colloids Surf. A : Physicochem. Eng. Aspects*, **482**, 68 (2015)

第2章　無機粒子テンプレート

1　金属ナノ粒子の酸化による中空粒子合成

仲村龍介[*]

1.1　はじめに

　ナノ粒子やナノロッドなどの低次元ナノ構造体に関する研究は，基礎から応用にわたり幅広く展開されている。最近では，これらのナノ構造体への新規機能の付与を指向した研究が活発に行われている。例えば，大きさ，組成，形態および配列などを制御して任意の特性を生み出す研究はその一例と言える[1]。中でも，形態制御という観点から，粒子やロッドの内部に‘孔’を有する中空粒子やチューブはユニークな構造体として注目されている。内部の孔には，物質の貯蔵および輸送機能といった役割や，様々な物理的および化学的性質の変化をもたらすことが期待される[2,3]。

　このような背景のもと，様々な材料に対して中空粒子やナノチューブの作製プロセスが検討されているが，そのほとんどが化学エッチングプロセスを利用したものであった。一方で，2004年に Yin らによって，Co ナノ粒子を硫化または酸化させると中空状の硫化物または酸化物が形成される現象が報告された[4]。硫化物および酸化物粒子の内部に生成したナノ孔は，Co の硫化あるいは酸化過程の物質移動に起因して生じる空孔の集合体と考えられている。これは，金属の硫化や酸化過程で生成する原子空孔の自己組織化現象と解釈することができ，中空ナノ粒子やナノチューブを作製する方法のひとつとして関心を集めている。

　著者はこれまでに，特に金属の酸化に注目して，金属ナノ粒子やナノワイヤーの酸化による酸化物中空ナノ粒子およびナノチューブの形成挙動を研究してきた[5~10]。本稿は，2011年7月にシーエムシー出版から発刊された『マクロおよびナノポーラス金属の開発最前線』に著者が分担執筆した「金属の酸化反応を利用した酸化物ナノ中空構造体の作製」を加筆・修正したものである。前稿では紙面の都合で省略した，中空構造の熱的な安定性[8,10]，に関する研究成果を新たに書き加えた。重複する部分があることはお許し願うとして，これまでの研究成果を紹介しながら，内部孔が形成されるメカニズムや金属の酸化による形態変化の違い，中空構造の熱的な安定性を解説する。本書は微粒子の専門書であるが，本稿では形成機構に類似性のあるナノワイヤーの研究例も一緒に紹介する。

＊　Ryusuke Nakamura　大阪府立大学　大学院工学研究科　物質化学系専攻
マテリアル工学分野　助教

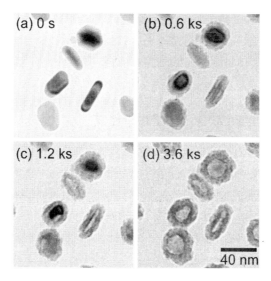

図1 Cuナノ粒子の酸化による形態変化を示すTEM像。(a)蒸着後。
(b)-(d) 373 K での酸化後，(b) 0.6 ks，(c) 1.2 ks，(d) 3.6 ks。

1.2 金属ナノ粒子の酸化による酸化物ナノ中空粒子の形成

　真空蒸着によってアモルファスカーボン支持膜上に作製したCuナノ粒子の酸化前後の形態変化を透過型電子顕微鏡（TEM）を用いて観察した[6]。図1は，(a)蒸着後（酸化前）および(b)-(d) 373 K で0.6～3.6 ks 酸化させた後のCuナノ粒子のTEM像である。酸化前後の写真は同一の場所を撮影したものである。Cuナノ粒子の初期粒径は10～40 nm である(a)。大気中での加熱によって，Cu粒子表面には酸化層が形成され(b)，酸化時間の増加に伴い酸化層厚さは増加し(c)，最終的に中空状酸化物となる(d)。中空状酸化物が形成されるまでの時間は，初期粒径および酸化温度に依存するが，373 K 付近で3.6 ks 程度であれば，初期粒径が50 nm 程度のCu粒子は完全に酸化され中空状酸化物となる。図2に示すように，(a) Al[6],(b) Zn[5],(c) Fe[9]および(d) Ni[7]ナノ粒子を大気中で酸化させると酸化物中空ナノ粒子が得られる。AlおよびZnでは，473 K 以下での比較的低温での酸化挙動を観察した。Alでは約10 nm，Znでは約15 nm 以下の初期粒径をもつ場合にのみ中空構造が得られ，これ以上の粒径となると，金属／酸化層のコアシェル構造が安定な構造となり酸化は進行しない。FeやNiナノ粒子の酸化では，573～673 K の酸化温度で50 nm 程度の粒径のナノ粒子でも中空構造となった。Niナノ粒子の酸化によって得られるNiO中空ナノ粒子（図2(d)）の内部孔の位置が中心から外れて非対称な形状となるのは特徴的である。

1.3 金属ナノワイヤーの酸化による酸化物ナノチューブの形成

　図3にポリカーボネートメンブレンへの電解析出を利用して作製した(a) Fe,(b) Cu および(c) Ni ナノワイヤーの酸化による形態変化を示す[10]。電析後の直径50 nm 程度のFeナノワイヤーを，523 K で酸化させると内部のFeワイヤーとそれを被覆する酸化層の界面に沿ってボイドが形成

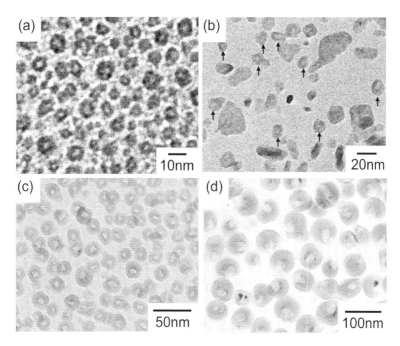

図2 金属ナノ粒子(a) Al, (b) Zn, (c) Ni, (d) Fe の酸化による酸化物ナノ中空粒子の形成。酸化の条件および形成する酸化物はそれぞれ, (a)室温で数分, アモルファス Al_2O_3, (b) 423 K, 3.6 ks, ZnO, (c) 673 K, 1.2 ks, NiO, (d) 673 K, 3.6 ks, Fe_3O_4。

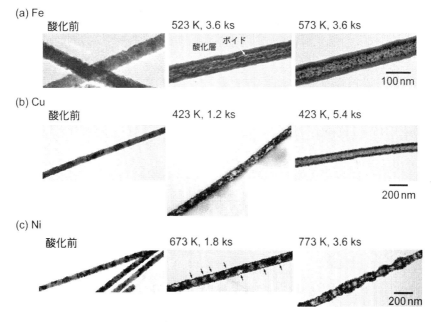

図3 (a) Fe, (b) Cu および(c) Ni ナノワイヤーの酸化による形態変化。酸化の条件は図中に記載の通り。

された。573 K で 3.6 ks 酸化させると，Fe ナノワイヤーは完全に酸化され，内径および外径が
ほぼ均一な Fe_3O_4 ナノチューブとなった。Fe ナノワイヤーと同様に，423 K での酸化により Cu
ナノワイヤーから Cu_2O ナノチューブが得られる。一方，Ni ナノワイヤーを 673～773 K で酸化
させるとチューブ構造とはならず，断片化した内部ボイド（図中の矢印）を有する"竹状"の
NiO ポーラスナノワイヤーが形成する。粒子の場合と同様に形状の非対称性が見られる。

1. 4　中空構造の形成メカニズム

　図 4 の模式図を見ながら，酸化による中空構造化のメカニズムを解説する。金属の酸化は，酸
化層中のイオンの移動によって進行する。Cu や Fe の酸化過程では，酸化層中を外方へ拡散す
る金属イオンの拡散が，内方への酸素の拡散よりも速い。これは酸化物中の金属イオンの拡散係
数が酸素イオンよりも大きいことからも理解される[11]。金属イオンの外方拡散によって酸化が進
行すると(i)，酸化層の成長に伴い，金属側により多くの原子空孔が移動し，これらが集積して
カーケンドールボイドを形成する(ii)。粒子およびワイヤーを構成するすべての金属原子が酸化
層の形成に費やされると，原子空孔の集合体としての内部孔を有する中空構造体が生成する
(iii)。酸化により内部ボイドが形成するのは，このような酸化過程における拡散によって説明さ
れる。

　Cu や Fe の酸化では，粒子とワイヤーのほぼ中心に孔が位置する構造が形成するが，Ni の場
合には，特異な形態変化が見られた。Ni ナノ粒子の酸化の途中段階において，Ni/NiO 界面の一

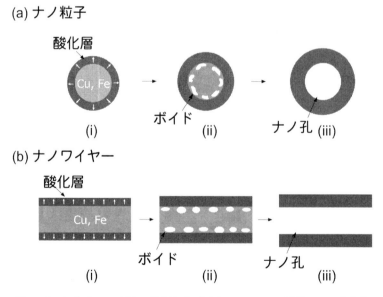

図 4　Cu および Fe の(a)ナノ粒子および(b)ナノワイヤーの酸化による中空化
　　　の模式図。(i)酸化層の形成，(ii)酸化層の成長とボイドの形成，(iii)
　　　酸化による中空構造化。白の矢印は金属イオンの拡散方向を示す。

か所でボイドの粗大化が見られ[7]，最終的に図2⒟に示したように，孔の位置が中心からずれた
NiO中空粒子となった。図3⒞に示したようにNiナノワイヤーの酸化では，界面で粗大ボイド
（矢印）が断片的に生成し，この形状を引きずり断片的なボイドを有する"竹状の"NiOポーラ
スナノワイヤーとなった。

　Niの酸化過程における内部孔の生成機構は，酸化層中の金属イオンの外方拡散と内部への空
孔の流入という点において，FeやCuと同様である。しかしながら，内部孔が凝集し粗大化す
る挙動はFeやCuの酸化の場合とは異なる。図3⒞に見られるように，ボイドはNi/NiO界面
の所々で粗大化している。これは，図5の模式図に示すように，Ni側に生成した空孔が長距離
を移動してボイドの成長に寄与したことを示唆している。つまり，酸化が進行する間に，空孔が
速く移動して局所的にボイドの粗大化が生じたと考えることができる。FeおよびCuの酸化で
は，酸化層の成長が速いため，空孔が十分に移動することができず，図4に示したように，界面
で均一な大きさのボイドが形成されるのであろう。この点がNiの酸化との相違点と思われる。
酸化速度を表す酸化物中の金属イオンの拡散係数と，空孔の移動速度を表す金属の自己拡散係数
の差を比べてみると，673KにおけるNiの自己拡散係数はNiO中のNiの拡散係数より1桁低
い程度であるが，423KにおけるCuの自己拡散係数はCu_2O中のCuより9桁も低い[7]。つまり，
Niの酸化過程では原子空孔は十分に移動できるが，Cuの酸化過程ではほとんど移動できないと
言える。また，ある一定数の空孔が，複数の小さいボイドを作るより，単一の粗大ボイドを形成
するほうが，表面積が小さくなり表面エネルギーの点で有利となるため，系のエネルギーの点か
らボイドの粗大化は妥当である。NiO中空構造体の非対称な構造の形成は後続の研究でも認めら

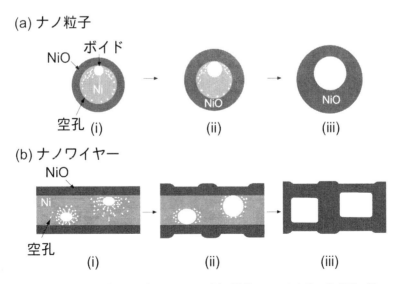

図5　Niナノ粒子⒜およびナノワイヤー⒝の酸化による中空化の模式図。⑴
　　　生成した原子空孔の移動とボイド形成，⑾ボイドの粗大化，⒤⒤⒤ボイ
　　　ドの偏在化。

れている[12]。

1.5 中空構造の熱的安定性

　ナノスケールの金属粒子（ワイヤー）が酸化すると，内部に孔を形成するような速度論的な条件が整うことにより中空構造が形成するというのが前項までの話題であった。しかし，内部に表面を有する中空構造体はエネルギー的に安定な状態ではなく，表面エネルギーの分だけエネルギーの高い状態にある。したがって，原子の拡散が十分に起こる条件が整えば，内部の孔を消滅させてエネルギーの安定な構造に形態変化を起こすことが予想される。

　金属ナノ粒子およびナノワイヤーを酸化して得られた酸化物ナノ中空粒子およびナノチューブを，さらに高温で加熱した際の形態変化の挙動を調べた[8, 10]。Cu_2O 中空粒子およびナノチューブを 473 K 以上で加熱すると，中空構造を維持したまま CuO へ相転移する。573 K で長時間加熱しても CuO 中空構造は維持されたが，673 K 以上で形態変化が始まる。図 6 に，Cu_2O ナノ中空粒子を(a) 673 K, 1.2 ks および(b) 773 K, 3.6 ks 加熱した後の TEM 像を示す。図 6 (a)では，一部の粒子において内部の孔が縮小していく様子が見られ，(b)では孔の消滅した粒子が形成している。図 6 (c)のように，ナノチューブにおいても 773 K で加熱すると，円柱孔の収縮が観察され，チューブ構造は崩壊し，中実なナノワイヤーとなった。要約すると，CuO 中空構造体を大気中で加熱すると，673 K で孔の収縮が始まり 773 K では孔は消滅して中実な CuO 粒子およびナノ

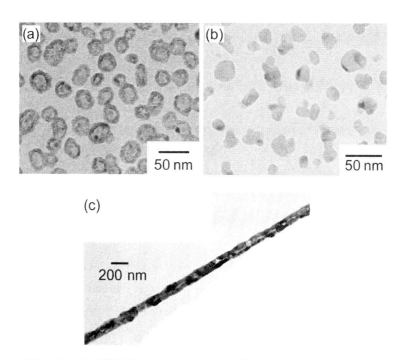

図6　Cu_2O 中空粒子を(a) 673 K, 3.6 ks および(b) 773 K, 3.6 ks，Cu_2O ナノチューブを(c) 773 K, 3.6 ks 加熱した後の孔の収縮を示す TEM 像。

ワイヤーとなる。同様に，NiOナノ中空粒子およびポーラスナノワイヤーを大気中，923Kで加熱すると孔の収縮および消滅が起こることを観察した[8,10]。同一の酸化物であれば，粒子でもチューブでも同じ温度で孔の収縮が起こると言える。

　二元系合金中空粒子の孔の収縮は，両構成元素のうち遅い方の拡散に律速されると言われている[13]。この考えに従い，CuOおよびNiO中空粒子それぞれの収縮が始まる温度673Kおよび923Kにおける拡散係数を概算してみる。CuOではCuが，NiOではOが遅い拡散成分となるので，文献値に示されている拡散係数の温度依存性の式より拡散係数を概算すると[8]，いずれも$10^{-22}\,\mathrm{m^2\,s^{-1}}$となる。この結果は，二成分で構成される中空粒子の孔の収縮は遅い成分の拡散に律速される，という考えを支持するものであり，さらに，その成分の拡散係数がおよそ$10^{-22}\,\mathrm{m^2\,s^{-1}}$の値となる温度で収縮が始まることを示している。孔の収縮は酸化物中の拡散挙動と関連していることが強く示唆される。

　上記の結果は大気中，すなわち，酸化雰囲気での現象であった。Cu_2OおよびNiOナノ中空粒子を真空中，すなわち，還元雰囲気で加熱すると，酸化物から金属への還元反応が起こると同時に，孔の収縮が始まり，最終的にはCuおよびNiナノ粒子へと変化する（元の中実な金属ナノ粒子に戻る）こともわかっている[8]。環境ごとに反応を支配する物質移動現象は異なるが，冒頭に述べたように，系のエネルギーが安定となるように内部の孔を消滅させる原子移動が生じるという点では本質は同じと言える。

1.6　おわりに

　金属のナノ粒子を出発材料とすると，大気中での酸化という極めて簡便なプロセスで，酸化物の中空構造体が作製できることを示した。酸化による中空構造化メカニズム，形態変化の違い，そして，中空構造の安定性を理解するには，原子および原子空孔の拡散挙動を把握することが重要である。ここ10年ほどの国内外の多くの研究により，金属の酸化や硫化では，均一かつ容易に多くの化合物中空体が得られることがわかってきた。ここで紹介した方法で得られた中空粒子に対しても，本書で紹介されているような，応用展開が進むことを期待したい。中空構造の様々な作製方法をまとめた解説記事[14~17]もあるので，そちらも参考にしていただきたい。

文　　　献

1)　Y. Xia *et al.*, *MRS Bull.*, **20**, 356（2005）.
2)　S. W. Kim *et al.*, *J. Am. Chem. Soc.*, **124**, 7642（2002）.
3)　Y. Sun *et al.*, *J. Am. Chem. Soc.*, **126**, 3892（2004）.
4)　Y. Yin *et al.*, *Science*, **304**, 711（2004）.

5) R. Nakamura *et al.*, *Mater. Lett.*, **61**, 1060 (2007).
6) R. Nakamura *et al.*, *J. Appl. Phys.*, **101**, 074303 (2007).
7) R. Nakamura *et al.*, *Philos. Mag.*, **88**, 257 (2008).
8) R. Nakamura *et al.*, *Acta Mater.*, **56**, 5276 (2008).
9) R. Nakamura *et al.*, *Acta Mater.*, **57**, 4261 (2009).
10) R. Nakamura *et al.*, *Acta Mater.*, **57**, 5046 (2009).
11) A. Atkinson *et al.*, *J. Mater. Sci.*, **18**, 2371 (1983).
12) Y. Ren *et al.*, *Adv. Funct. Mater.*, **20**, 3336, (2010).
13) A. M. Gusak *et al.*, *Philos. Mag.*, **85**, 4445 (2005).
14) H. J. Fan *et al.*, *Small*, **3**, 1660 (2007).
15) X. W. Lou *et al.*, *Adv. Mater.*, **20**, 3987 (2008).
16) R. Nakamura & H. Nakajima, "New Frontiers of Nanoparticles and Nanocomposite Materials", p. 3, Springer (2013).
17) A.-A. El Mel, *Beilstein J. Nanotech.*, **6**, 1348 (2015).

2 溶解性無機粒子をテンプレートとした中空粒子合成

藤　正督[*1]，高井千加[*2]

2.1 はじめに

　細孔や中空構造からなる微細空間は，凝固点降下やガス吸着による細孔の充填などの特殊な特性を与える。もし，固体材料へこの特性を付与可能であれば，材料設計に新しい可能性が与えられる。微細空間として細孔や中空構造などがあり，これらは機能性材料の特性において重要である。本稿では，微細空間を有する中空粒子に着目し議論を行う。

　近年，多くの中空粒子合成手法が報告されている[1~5]。多くの注目を集める中空粒子は中実粒子と比較すると高比表面積，低密度，高浸透性などの優れた特性を有している。近年の科学の発展により，中空粒子がマイクロサイズからナノサイズまで微細化されると，中空粒子の構成成分が同様であっても卓越した特性を示すことが知られるようになってきた[5]。

　従来の固体粒子（中実粒子）を第一世代と表すと，中空粒子の内部空間は二層を有する新しいマイクロ／ナノ材料（第二世代）であり，複合的な化学組成を示すが，比較的簡便な構造かつ階層的な構造を有するため優れた化学・物理的特性を示す[3,4]。また，多層な細孔複合シェルを有する中空粒子（第三世代）はさらに複雑であり，ナノ材料科学への応用が期待されている。本稿では，主に第二，第三世代のマイクロ／ナノ材料の合成に焦点をあてる。

　本稿では環境低負荷な中空粒子合成手法を紹介する。この分野に関する広い知見のため，環境低負荷な中空粒子合成に関するすべての研究の詳細を説明することはできないため，シリカを代表とする無機中空粒子の近年の発展に焦点を当てる。多くの優れた論文は無機中空粒子の環境低負荷の合成手法の確立のみでなく，構造設計や生体への応用に努めている[5~7]。このような環境への配慮は重要であり，有害な副生成物を生成しない合成手法が確立すれば，人体への応用が可能となる。現在，報告されている中空粒子の環境低負荷，ワンポットの合成手法は研究室レベルでの利用は可能となっているが市場レベルには至っていない。したがって，中空粒子の環境低負荷な大量合成が次なる課題となっており，この問題を解決することにより市場において中空粒子の有効利用が可能となると考えられる。

　本稿は以下のように構成されている。ゾルゲル反応の基礎的な工程の説明から始まり，固体コアテンプレート法による中空粒子合成を紹介する。その後，一般的なナノ／マイクロサイズの中空粒子の応用例を紹介する。主に湿式科学的処理（ゾルゲル反応）を用いた中空粒子合成に関して焦点をあてる。

＊1　Masayoshi Fuji　名古屋工業大学　先進セラミックス研究センター　教授

＊2　Chika Takai　名古屋工業大学　先進セラミックス研究センター　特任助教

2.2　ゾルゲル法の基礎

　一般的にゾル（または溶液）は液相及び固相を内包するようなゲル状のネットワークを形成する。ゾルゲル法に用いられる前駆体は，種々の反応試薬，そして金属または半金属によって構成されている。アルミネート，チタネート，ジルコネートのような金属アルコキシドは水との高い反応性を有しているため最も有名な前駆体である。非金属アルコキシドとしてはアルコキシシランが最も広く用いられている。本稿では，テトラエチルオルソシリケート（TEOS）やテトラメチルオルソシリケート（TMOS）などのアルコキシシランを中心に説明する。エチル基は一般的なアルコキシ基であるが，メトキシ基，プロピル基，ブトン基やより長い炭素鎖を有する炭化水素もアルコキシシランとして用いられる。有機金属はゾルゲル法において単体で用いられることもあるが，TEOSやアルコキシボランのような非金属アルコキシドとともに用いられることもある。固相の基本的な構造・形態は個々のコロイド粒子が連続チェーンのように連なったポリマーネットワークである[8,9]。アルコキシドの構造は TEOS を例にすると，$Si(OC_2H_5)_4$ または $Si(OR)_4$ の化学式で表される（$R=C_2H_5$）。これらのアルコキシドは水と容易に反応するため，ゾルゲル法において理想的な前駆体として知られている。水とアルコキシドとの反応は水酸基イオンが Si 原子に攻撃するため加水分解と呼ばれている[10]。加水分解，及びアルコキシドの縮合反応は一連の反応であり，図1に示すような反応により進行する。アルコキシシランは一例として扱うが，全ての金属アルコキシドが同様の反応により進行する。大部分の金属アルコキシドは反応速度が非常に早いため，加水分解−縮合反応は触媒を必要としない。しかしながら，アルコキシシランの加水分解は遅いため酸触媒，または塩基触媒を必要とする。加水分解はシラン溶液を酸性，中性，塩基性の水溶液に添加することにより開始される。その後，加水分解−縮合反応により水やアルコールを生成するとともに，シロキサン結合（Si-O-Si）のネットワークを形成する。

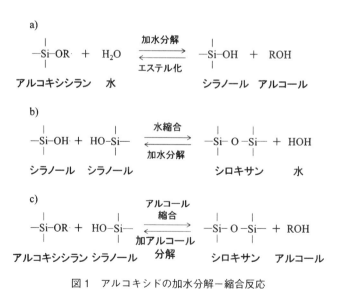

図1　アルコキシドの加水分解−縮合反応

　縮合反応は水やアルコール等の小さな分子を放出し，数百～数千の金属・非金属モノマーから構成されるポリマーネットワークを形成し続ける。モノマーが形成可能な結合数はモノマーの種類により決定される。シリコンアルコキシドの重合は完全に加水分解されたモノマー（Si(OR)$_4$）が 4 方向に結合可能な分岐点を有するため複雑なポリマーネットワークを形成する。水分量が少ない条件下では，縮合可能な OR や OH 基が 4 つよりも少なくなるため，比較的分岐点が少なくなる。このような加水分解 – 縮合反応のメカニズムや構造体中の分岐点の有無はゾルゲル反応において重要である[8, 9, 11, 12]。

　ゾルゲル反応はしばしばコロイドコア粒子を被膜する手法として用いられ，被膜後にコア粒子を除去することで中空粒子が得られる。この手法は触媒や高価な被膜装置を必要としない簡易的な手法である。好ましいことに，この反応は室温下でも進行し，養生に手ごろな温度を必要とするのみであるため，繊細な反応条件等の制御も必要ない。得られた中空粒子も容易に固液分離可能である。様々な半金属や有機アルコキシドを使用することで中空粒子への特性付与も可能である。

　中空粒子は一般的に核生成や粒成長が制御されているため，界面活性剤を用いた自己集合を経て得られる。しかしながら，この手法は表面の形態や純度の制御性能が低いため用いられない。そのため，中空粒子の別の合成手法としてコロイドテンプレート合成手法がある[7, 13]。このテンプレート法では，中空粒子の内径や形は有機[14, 15]，無機[16~18]，生物分子粒子[19]などのテンプレート粒子によって決まる。均一なシェル層を構築し中空粒子を形成するこれらのテンプレート法は，ハードテンプレート法とソフトテンプレート法の二種類に大別可能である。次項では，ハードテンプレート法を中心に中空粒子の合成手法を紹介する。

2.3　無機 / ケイ酸塩中空粒子の作製及び一般的なアプローチ

　中空粒子の理想的かつ便利な合成手法の研究は盛んにおこなわれており，特に低環境負荷な合成手法が注目を集めている。本稿ではハードテンプレート法，特に我々の提案した低環境負荷な中空粒子合成手法を中心に中空粒子の合成手法を紹介する。

2.3.1　ハードテンプレート法から溶解性無機粒子をテンプレートへ

　ハードテンプレート法は，効率的かつ普遍的な中空粒子合成手法である。特に自己集合やフォトニック結晶など狭い粒子分布を要求される時に有用である[7, 20, 21]。粒子サイズの制御の容易さから炭酸カルシウム，シリカ，ポリスチレン，スチレン / アクリル酸コポリマーなどがテンプレートとして用いられる[5, 6, 22]。無機シェルの前駆体が化学的・物理的な反応によりコア粒子を覆ったとき，有機 / 無機，無機 / 無機で構成されるコア / シェル粒子が得られる。コア / シェル粒子のコアは選択的なコアの溶解や燃焼により除去することが可能であり，結果として中空粒子が得られる[3, 23]。コア / シェル粒子はゾルゲル反応[24, 25]，水熱合成[26]，交互積層法[4, 27]，そして化学蒸着法[6]によりコア粒子の表面にシェルを形成することで作製される。

　一例として，Tissot らはアンモニアを触媒としてポリスチレン / シリカのコア / シェル粒子を

作製した[28, 29]。その後，コア／シェル粒子を600℃で焼成することによりポリスチレンを燃焼させ，シリカ中空粒子を合成した。同様に，Zhong らはポリスチレン／チタニアのコア／シェル粒子をゾルゲル反応により合成した[30]。その後，ポリスチレンをトルエンにより選択的に溶解させ，チタニア中空粒子を得た。Imhof らのグループはチタニウムアルコキシドの加水分解によりカチオン性ポリスチレン上にチタニアシェルを形成させた[31]。このコアシェル粒子を炉による焼成，または溶液に溶解させることでチタニア中空粒子を合成した。単分散ポリスチレンコロイド粒子はプラズマ法により，粒子表面を水酸基により修飾することが可能である。Li らは修飾されたポリスチレン粒子をテンプレートとしたゾルゲル法により，TEOS と TIPP を用いてポリスチレン／シリカ粒子とポリスチレン／チタニア粒子のコア／シェル粒子を合成した[32]。得られたコア／シェル粒子をテトラヒドロフランに溶解させ，ポリスチレンを除去することで，シリカ中空粒子とチタニア中空粒子を得た。上記の研究はどれも興味深いものであるが，合成プロセスが煩雑であり，燃焼や有機溶剤処理が不可欠であるため環境高負荷な手法である。

このような問題点から，環境低負荷なプロセスでの中空粒子合成手法が求められている。著者らは，炭酸カルシウムナノ粒子をテンプレートとした環境低負荷な中空粒子合成手法を開発した[33, 34]。この手法では，アンモニア触媒を使用し中空粒子を合成している。正にチャージした炭酸カルシウムナノ粒子をエタノール中に添加し，10分間超音波処理をすることで分散させた。その後，溶液中に TEOS を添加することで加水分解－縮合反応によりシリケートゾルが形成される。室温または加熱下，アンモニア水溶液内で負にチャージしたシリケートゾルは静電相互作用により炭酸カルシウム上に堆積する。その後，酸性溶液中で炭酸カルシウムを溶解することで，シリカ中空粒子が得られる。図2にそのメカニズムを示す。無機シリケートシェルの構築と酸性溶液中でのテンプレートの溶解は有害な化学物質や燃焼行程を必要としないため，環境低負荷な手法である[34, 35]。

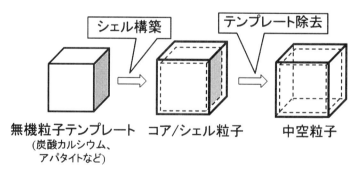

図2　テンプレート法による中空粒子形成メカニズム

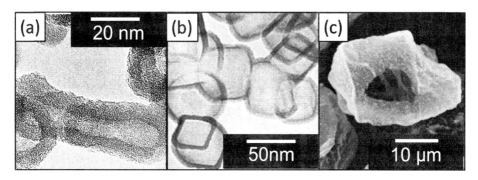

図3　各テンプレートを用いて作製された中空粒子：a) アパタイト，b) ナノサイズ炭酸カルシウ
　　　ム，c) マイクロサイズ炭酸カルシウム

　このような発想から，我々はヒドロキシアパタイト[36]やナノ／マイクロ炭酸カルシウムを中空
シリカ粒子のテンプレートとして利用した[33]。これらのようなテンプレートは再利用が可能であ
るとともに，適度な濃度の酸で処理するだけでテンプレートが除去できるため，テンプレート溶
解プロセスに高度な操作を必要としない。本手法では，均一なシリカシェル厚を有する安定した
異方性のシリカ中空粒子が得られる。さらに，TEOS の濃度を上昇させることで，シェル厚の増
大，及びシェルの粗さを制御可能である。また，得られる特有な形状の中空構造はテンプレート
粒子を模倣したものである。したがって，本手法はシェル厚の制御だけでなく，様々な形状の中
空構造を有する中空粒子を簡便かつ低環境負荷な合成手法である。本手法によって得られる中空
粒子の一例を図3に示す。

　固体コアテンプレートは機能性物質またはシェル構築物質の保持材料として中空空間内を満た
していると考えられる。シェル形成中，中空粒子シェルの細孔は徐々に埋めていくが，細孔を完
全に埋めることは困難である。これらの細孔により，内部空間への物質の保持，及び放出を容易
に行うことができる。

2.3.2　溶解性無機粒子テンプレートの展開

　多くの引用文献を示しているように中空粒子の合成は多くの試みが行われている。しかしなが
ら，未だにいくつかの改善が不可欠である。中空粒子のサイズや形状の制御，楕円形や檻のよう
な特殊な形状の中空粒子合成などは，中空粒子合成の重要な発展の一例である。ハードテンプ
レート法，ソフトテンプレート法，そしてテンプレートフリー法などは将来中空粒子を環境低負
荷で作製できる手法として大きな役割を果たすと考えられる。前述したように，中空構造により
発現される機能はシェル構造や内部空間，シェル形状のような形態の制御が重要である。無機粒
子テンプレート法では，得られる中空粒子の構造はテンプレートを模倣したものとなっている。
バテライト，カルサイト，アラゴナイトのような様々な粒子形状の炭酸カルシウムをテンプレー
トとして使用することで，球状，立方体，ロッド状のように異なる形態の中空粒子を得ることが
可能である[37]。炭酸カルシウムのサイズはナノスケールから制御可能であるため，中空粒子のサ

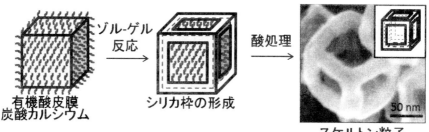

図4　スケルトン粒子形成メカニズム

イズもナノスケールから制御可能である。また，アパタイト分散溶液中にアンモニア，TEOS を添加することでアパタイト/シリカのコア/シェル粒子が得られ，酸性溶液によりアパタイトを除去することでも異方性の中空粒子の合成が可能である[36]。さらに，炭酸カルシウムとシリカ間の親和力を調整することにより図4に示すような六個の四角の窓，十二のシリカ枠からなる骨のような独特なシェル構造（スケルトン粒子）を得ることができる。有機酸と相互作用の少ない溶液中に有機酸を被覆させた炭酸カルシウムを分散させ，テンプレートとして使用する。その際，炭酸カルシウム表面には TEOS の加水分解により生成したシラノールと有機酸が吸着する。シラノールと有機酸の吸着が競合した際に，テンプレートのサイズや有機酸とシラノールとの酸強度，有機酸の貧溶媒への溶解性などにより立方体の炭酸カルシウムの角，及び辺のみにシラノールが吸着し，スケルトン粒子が得られる[38]。ゾルゲル反応の条件により異なるシェル厚や枠の太さを調整可能であり，この構造は幅広い分野への応用が期待される。

　生体分子やナノ粒子の保持特性や浸透性を上昇させるためには，無機中空粒子のシェル上にナノ/メソ/マイクロ孔の形成が望ましいが，シリカ中空粒子の機械的強度が低下しないように適切な条件設定が必要である。このような観点の基，炭酸カルシウム及び炭酸カルシウム上に吸着した CTAB をテンプレートとしたナノ/マイクロ孔を有する中空粒子の合成を行った[39,40]。反応溶液中の TEOS 濃度，及び CTAB 濃度を調整することにより，中空粒子上のマイクロ/メソ孔の制御及びシェル厚の制御が可能であることが示された。

　ガス吸着等温線を基にナノシリカ中空粒子の表面特性を評価した。吸着等温線と BET 比表面積からシェルの特性は評価可能である。中空粒子における窒素ガスの吸着等温線から，シェルにメソ孔が存在しないことが明らかとなった。シェルにはマイクロ孔が存在しており，そのマイクロ孔を通じてシェル外からシェル内へと窒素ガスが浸透可能である。したがって，中空粒子の比表面積はシェル壁の両面を合計したものとなる。さらに，ナノシリカ中空粒子の表面構造をガス吸着等温線によりナノ中実粒子と比較した。中空粒子上の水酸基への水蒸気吸着から中実粒子と同様の特性を有していると考えられる[33]。

　これらの結果を基に，シェルの見かけ密度によりシェルの微細構造は定義され，TEM により

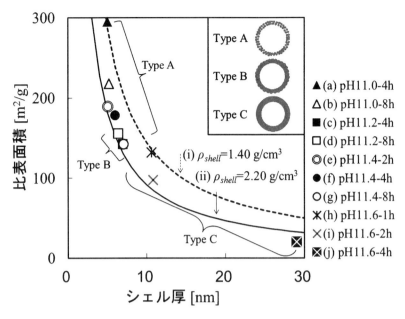

図 5　各合成条件における中空粒子のシェル厚, 及び比表面積

得られた結果から 3 種類に大別することが可能である。(A) シリカシェルが相対的に薄くシェル内で堆積粒子が独立している, (B) シェル厚は (A) と同程度であるがシェルが半円状の堆積粒子で構成されている, (C) シリカシェルが厚くシェル内に堆積粒子が観測されない。図 5 に (A), (B), (C) の構造を示す。中空粒子の見かけシェル密度は BET による比表面積, 及び TEM によるシェル厚から求めることができる。図 5 を基に, タイプ A からタイプ C にかけて見かけ密度が 1.4 から 2.2 g/cm³ に上昇していることが示された。反応溶液の pH と反応時間などの合成条件により, TEM での観察では一見同様なシェル構造を有しているが, シェルの微細構造を制御可能である[41]。

　中空粒子は内部の中空構造のみでなくシェル構造の制御も不可欠である。一般的に, マイクロ / ナノ材料の構造制御は材料設計において重要であり, 中空粒子形成メカニズムの理解に非常に有用である。そして, 中空粒子形成メカニズムの理解はより優れた構造設計への足掛かりとなると考えられる。バルクのマイクロ / ナノ材料と比較すると, 複合界面を有する中空粒子は多岐にわたる力学的特性や界面影響の増大によって, 多くの予期されていない応用をも可能とするであろう[5~7,42~44]。

2.4　おわりに

　ここではゾルゲル法の基礎から始まり, 一般的な中空粒子の合成手法, 中空構造制御手法, そして近年の合成手法の発展について紹介した。今後の中空粒子の市場への参入には, 中空構造や

シェル構造の制御による特性の向上，および中空粒子の環境低負荷かつ大量合成手法の開発が不可欠である。現在はエマルジョンテンプレート法を用いた中空粒子の環境低負荷かつ大量合成の研究に邁進している。

文　　献

1) Y. Xia, B. Gates, Y. Yin, and Y. Lu, "Monodispersed Colloidal Spheres : Old Materials with New Applications," *Advanced Materials*, **12**, 693-713 (2000).

2) Y. Xia, P. Yang, Y. Sun, Y. Wu, B. Mayers, B. Gates, Y. Yin, F. Kim, and H. Yan, "One-Dimensional Nanostructures : Synthesis, Characterization, and Applications," *Advanced Materials*, **15**, 353-389 (2003).

3) F. Caruso, A. Caruso, and H. ohwald, "Nanoengineering of inorganic and hybrid hollow spheres by colloidal templating," *Science*, **282**, 1111-1114 (1998).

4) F. Caruso, "Hollow Capsule Processing through Colloidal Templating and Self-Assembly," *Chemistry - A European Journal*, **6**, 413-419 (2000).

5) M. S. Fleming, T. K. Mandal, and D. R. Walt, "Nanosphere-Microsphere Assembly : Methods for Core-Shell Materials Preparation," *Chemistry of Materials*, **13**, 2210-2216 (2001).

6) X. W. Lou, L. A. Archer, and Z. Yang, "Hollow Micro-/Nanostructures : Synthesis and Applications," *Advanced Materials*, **20**, 3987-4019 (2008).

7) F. Caruso, R. A. Caruso, and H. Möhwald, "Nanoengineering of Inorganic and Hybrid Hollow Spheres by Colloidal Templating," *Science*, **282**, 1111-1114 (1998).

8) L. F. Francis, "Sol-Gel Methods for Oxide Coatings," *Materials and Manufacturing Processes*, **12**, 963-1015 (1997).

9) C. J. Brinker, D. R. Tallant, E. P. Roth, and C. S. Ashley, "Sol-gel transition in simple silicates : III. Structural studies during densification," *Journal of Non-Crystalline Solids*, **82**, 117-126 (1986).

10) C. J. Brinker and G. W. Scherer, "Sol-Gel Science : The Physics and Chemistry of Sol-Gel Processing" pp. 912, Academic Press : , San Diego CA, USA, 1990.

11) W. J. Elferink, B. N. Nair, R. M. de Vos, K. Keizer, and H. Verweij, "Sol-Gel Synthesis and Characterization of Microporous Silica Membranes : II. Tailor-Making Porosity," *J. Colloid Interface Sci.*, **180**, 127-134 (1996).

12) A. A. Kline, T. N. Rogers, M. E. Mullins, B. C. Cornilsen, and L. M. Sokolov, "Sol-gel kinetics for the synthesis of multi-component glass materials, "*Journal of Sol-Gel Science and Technology*, **2**, 269-272 (1994).

13) Y. Wang, A. S. Angelatos, and F. Caruso, "Template Synthesis of Nanostructured Materials via Layer-by-Layer Assembly," *Chemistry of Materials*, **20**, 848-858 (2007).

14) A. Ahmed, R. Clowes, E. Willneff, H. Ritchie, P. Myers, and H. Zhang, "Synthesis of Uniform Porous Silica Microspheres with Hydrophilic Polymer as Stabilizing Agent," *Industrial & Engineering Chemistry Research*, **49**, 602-608 (2009)

15) Y. Chen, E. T. Kang, K. G. Neoh, and A. Greiner, "Preparation of Hollow Silica Nanospheres by Surface-Initiated Atom Transfer Radical Polymerization on Polymer Latex Templates," *Advanced Functional Materials*, **15**, 113-117 (2005)

16) J. Andersson, S. Areva, B. Spliethoff, and M. Linden, "Sol-gel synthesis of a multifunctional, hierarchically porous silica/apatite composite," *Biomaterials*, **26**, 6827-6835 (2003).

17) R. M. Anisur, J. Shin, H. H. Choi, K. M. Yeo, E. J. Kang, and I. S. Lee, "Hollow silica nanosphere having functionalized interior surface with thin manganese oxide layer : nanoreactor framework for size-selective Lewis acid catalysis," *Journal of Materials Chemistry*, **20**, 10615-10621 (2010).

18) W. Zhao, M. Lang, Y. Li, L. Li, and J. Shi, "Fabrication of uniform hollow mesoporous silica spheres and ellipsoids of tunable size through a facile hard-templating route," *Journal of Materials Chemistry*, **19**, 2778-2783 (2009).

19) K. Kamalasanan, S. Jhunjhunwala, J. Wu, A. Swanson, D. Gao, and S. R. Little, "Patchy, Anisotropic Microspheres with Soft Protein Islets," *Angewandte Chemie International Edition*, n/a-n/a (2011).

20) X. Xu and S. A. Asher, "Synthesis and Utilization of Monodisperse Hollow Polymeric Particles in Photonic Crystals, "*Journal of the American Chemical Society*, **126**, 7940-7945 (2004).

21) R. A. Caruso, A. Susha, and F. Caruso, "Multilayered Titania, Silica, and Laponite Nanoparticle Coatings on Polystyrene Colloidal Templates and Resulting Inorganic Hollow Spheres," *Chemistry of Materials*, **13**, 400-409 (2001).

22) Z. Niu, J. He, T. P. Russell, and Q. Wang, "Synthesis of Nano/Microstructures at Fluid Interfaces," *Angewandte Chemie International Edition*, **49**, 10052-10066 (2010).

23) H. Xu and W. Wang, "Template Synthesis of Multishelled Cu2O Hollow Spheres with a Single-Crystalline Shell Wall," *Angewandte Chemie International Edition*, **46**, 1489-1492 (2007).

24) M. Darbandi, R. Thomann, and T. Nann, "Hollow Silica Nanospheres : In situ, Semi-In situ, and Two-Step Synthesis," *Chemistry of Materials*, **19**, 1700-1703 (2007).

25) S. -J. Ding, C. -L. Zhang, M. Yang, X. -Z. Qu, Y. -F. Lu, and Z. -Z. Yang, "Template synthesis of composite hollow spheres using sulfonated polystyrene hollow spheres," *Polymer*, **47**, 8360-8366 (2006).

26) R. V. R. Virtudazo, H. Watanabe, M. Fuji, and M. Takahashi, "A Simple Approach to form Hydrothermally Stable Templated Hollow Silica Nanoparticles," pp. 91-97, John Wiley & Sons, Inc., 2010.

27) F. Caruso, "Nanoengineering of Particle Surfaces," *Advanced Materials*, **13**, 11-22 (2001).

28) I. Tissot, C. Novat, F. Lefebvre, and E. Bourgeat-Lami, "Hybrid Latex Particles Coated with Silica," *Macromolecules*, **34**, 5737-5739 (2001).

29) E. Bourgeat-Lami, I. Tissot, and F. Lefebvre, "Synthesis and Characterization of SiOH-Functionalized Polymer Latexes Using Methacryloxy Propyl Trimethoxysilane in Emulsion Polymerization," *Macromolecules*, **35**, 6185-6191 (2002).

30) Z. Zhong, Y. Yin, B. Gates, and Y. Xia, "Preparation of Mesoscale Hollow Spheres of TiO2 and SnO2 by Templating Against Crystalline Arrays of Polystyrene Beads," *Advanced Materials*, **12**, 206-209 (2000).

31) A. Imhof, "Preparation and Characterization of Titania-Coated Polystyrene Spheres and Hollow Titania Shells," *Langmuir*, **17**, 3579-3585 (2001).

32) H. Li, C. -S. Ha, and I. Kim, "Facile Fabrication of Hollow Silica and Titania Microspheres Using Plasma-Treated Polystyrene Spheres as Sacrificial Templates," *Langmuir*, **24**, 10552-10556 (2008).

33) M. Fuji, C. Takai, Y. Tarutani, T. Takei, and M. Takahashi, "Surface properties of nanosize hollow silica particles on the molecular level," *Advanced Powder Technology*, **18**, 81-91 (2007).

34) R. V. R. Virtudazo, H. Watanabe, T. Shirai, M. Fuji, and M. Takahashi, "Direct Template Approach for the Formation of (Anisotropic Shape) Hollow Silicate Microparticles," ICC3, 2011.

35) H. Watanabe, M. FUJI, and M. TAKAHASHI, "Synthesis, characterization and application of nano-sized hollow silica particles," pp. 145-150 in Proceeding 9th Ceramic Materials and Components for Energy and Environmental Appliation and Lazer Ceramics Symposium Conference. Edited, China, 2008.

36) R. V. Rivera Virtudazo, H. Tanaka, H. Watanabe, M. Fuji, and T. Shirai, "Facile preparation in synthesizing nano-size hollow silicate particles by encapsulating colloidal-hydroxyapatite nanoparticles," *Journal of Materials Chemistry*, **21**, 18205-18207 (2011).

37) Masayoshi Fuji, Takahiro Shin, Hideo Watanabe, Takashi Takei, "Shape-controlled hollow silica nanoparticles synthesized by an inorganic particle template method," *Advanced Powder Technology*, **23** (**5**), 562-565 (2012)

38) Chika Takai, Masayoshi Fuji, Kyoichi Fujimoto, "Skeletal silica nanoparticles prepared by control of reaction polarity ," *Chemistry Letters*, **40** (**12**), pp.1346-1348 (2011)

39) R V Rivera-Virtudazo, M Fuji, C Takai and T Shirai, "Fabrication of unique hollow silicate nanoparticles with hierarchically micro/mesoporous shell structure by a simple double template approach," *Nanotechnology* **23**, 485608 (2012)

40) Raymond V. Rivera Virtudazo, Masayoshi Fuji, Chika Takai, Takashi Shirai," Characterization on the precipitate sample of cetyltrimethylammonium bromide adsorbed onto nanocube CaCO$_3$ particles from aqueous-ammoniarich solution," *J Nanopart Res,* **14**, 1304 (2012)

41) Chika Takai, Hideo Watanabe, Takuya Asai, Masayoshi Fuji, "Determine apparent shell density for evaluation of hollow silica nanoparticle," *Colloids and Surfaces A : Physicochemical and Engineering Aspects*, **404**, 101-105 (2012)

42) K. Hadinoto, P. Phanapavudhikul, Z. Kewu, and R. B. H. Tan, "Novel Formulation of

Large Hollow Nanoparticles Aggregates as Potential Carriers in Inhaled Delivery of Nanoparticulate Drugs," *Industrial & Engineering Chemistry Research*, **45**, 3697-3706 (2006).

43) H.-P. Hentze, S. R. Raghavan, C. A. McKelvey, and E. W. Kaler, "Silica Hollow Spheres by Templating of Catanionic Vesicles," *Langmuir*, **19**, 1069-1074 (2003).

44) J. Liu, S. Z. Qiao, J. S. Chen, X. W. Lou, X. Xing, and G. Q. Lu, "Yolk/shell nanoparticles : new platforms for nanoreactors, drug delivery and lithium-ion batteries," *Chemical Communications*, (2011)

第3章　エマルションテンプレート

1　中空多孔質構造を有するナノ粒子集合体の一段階合成

大谷政孝[*1]，小廣和哉[*2]

1.1　はじめに

　内部空孔を有する多孔質ナノ材料は，その内部に物質を貯蔵できるだけでなく，内部と外部を繋ぐ多孔質細孔を通じて物質のやり取りが可能である。このような性質を利用して，断熱材，薬剤送達剤，電極材料，ナノ反応器，触媒の焼結防止材料など，様々な分野で注目を集める機能性材料である。代表例として，Al_2O_3，SiO_2，TiO_2，MnO_2，SnO_2などの金属酸化物粒子が盛んに研究されている[1~5]。これらの中空粒子を得る代表的な手法の一つにテンプレート法がある（図1a）。この方法では，ポリスチレン，炭素，SiO_2などテンプレートとなるナノ粒子をコアとし，その周りに目的物質からなる殻を形成した後，中心のテンプレートを抜き去るという，多段階操作を必要とする。また，ポリスチレンや炭素等のテンプレート除去には焼成が一般的に用いられるが，環境負荷が大きいことや多孔質殻を形成する細かな一次粒子の粒子径が大きくなることに

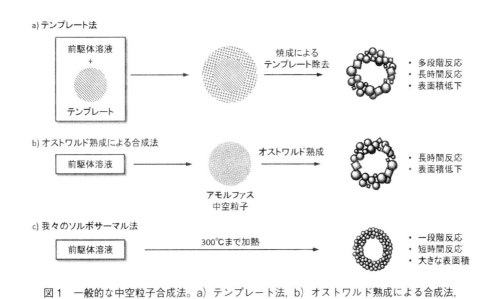

図1　一般的な中空粒子合成法。a) テンプレート法，b) オストワルド熟成による合成法，
　　　c) 我々のソルボサーマル法。

＊1　Masataka Ohtani　高知工科大学　環境理工学群・総合研究所　講師
＊2　Kazuya Kobiro　高知工科大学　環境理工学群・総合研究所　教授

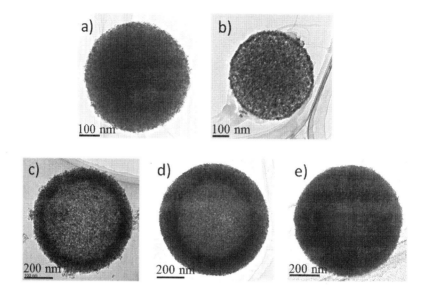

図2　MARIMO TiO$_2$集合体の TEM 画像
補助剤，加熱速度，粒子形状，中空粒子に関しては殻厚（TEM 画像の約 50 個以上の粒子の
平均値）の順に記述；
　a）フタル酸，300℃まで急速加熱（500℃/min），中実粒子；
　b）ギ酸，400℃まで急速加熱（>500℃/min），中空粒子；
　c）フタル酸，300℃までゆっくり加熱（10℃/min），中空粒子，殻厚 120±27 nm；
　d）フタル酸，300℃までゆっくり加熱（5.4℃/min），中空粒子，殻厚 140±19 nm；
　e）フタル酸，300℃までゆっくり加熱（2.0℃/min），中空粒子，殻厚 281±95 nm。

よる表面積の低下を伴うこともある。テンプレートを用いない一段階合成法として，オストワル
ド熟成による一段階反応がある（図1b）。この反応による TiO$_2$，Fe$_3$O$_4$，ZnO，SnO$_2$等の中空
粒子合成が報告されているが[5～9]，中空粒子を得るのに数時間から数日間かかることもしばしば
であり，その間に一次粒子が成長し表面積の低下を起こすなどの問題点がある。

　一方，我々はアルコール類を溶媒とする金属酸化物ナノ粒子の球状多孔質集合体の単純迅速ソ
ルボサーマル合成の研究を行っている[10～18]。一例をあげると，金属アルコキシドあるいは金属塩
と補助剤であるカルボン酸を含むメタノール溶液のソルボサーマル反応により，テンプレートを
用いることなく，短時間（数分～1 時間）かつ単工程ワンポットで金属酸化物ナノ粒子の球状多
孔質集合体を得ることに成功している（図1c，図2a）。得られた粒子集合体の形状がマリモによ
く似ていることから，これら一連のナノ粒子集合体を MARIMO（**m**esoporously **a**rchitected
roundly **i**ntegrated **m**etal **o**xide）粒子と名付けた[10]。同様の手法により，SiO$_2$，ZnO，ZrO$_2$，
CeO$_2$の中実 MARIMO ナノ粒子集合体[11]，および ZrO$_2$-CeO$_2$の中実 MARIMO 複合ナノ粒子
集合体の合成にも成功している[18]。本稿では中空 MARIMO TiO$_2$集合体の合成法を紹介すると
ともに，この合成手法の更なる発展として，Al$_2$O$_3$-TiO$_2$および ZnO-TiO$_2$複合中空 MARIMO
TiO$_2$集合体の合成と物性について解説する。

1.2　中実および中空 MARIMO TiO$_2$ 集合体のワンポット単工程合成[10~12, 16, 17]

　チタン源としてのチタンテトライソプロポキシドと補助剤であるギ酸またはフタル酸を含むメタノール溶液を反応管に封入し，急速（>500℃/min）にあるいはゆっくり（2-10℃/min）と300℃または400℃に昇温し，10分間その温度を保った。その後，反応管を氷浴に投入した。冷却後，生成物を遠心分離し，デカンテーションの後，得られた固体をメタノールで洗浄した。この操作を数回繰り返した後，真空乾燥することにより白色粉末を得た（図2）。フタル酸を補助剤に用い約30秒で300℃まで急速加熱すると，直径約300 nmのほぼ完全な球状の中心の詰まった中実 MARIMO TiO$_2$ 集合体が得られた（図2a）。この粒子の結晶構造は粉末X線回折よりアナターゼ型であった。高分解能 TEM 観察より，得られた粒子は約5 nm 程度の極めて小さなアナターゼ型 TiO$_2$ 一次粒子が無数に集まった多孔質粒子であった。その比表面積は非常に大きく，200 m^2/g を超える値を示した。一方，ギ酸を用い400℃まで急速に加熱した場合には，中心部に空孔を有する約20 nm の殻厚の中空粒子が得られた（図2b）。興味あることに，チタンテトライソプロポキシドとフタル酸のメタノール溶液を300℃まで徐々に加熱昇温しても中空粒子が得られた。さらに，この中空粒子の殻厚は加熱速度により制御可能で，加熱速度が遅いほど殻の厚い粒子が得られた（図2c-e）。通常中空粒子を得るには，テンプレートとなるナノ粒子を準備し，その周りに目的物質からなる殻を形成した後，中心のテンプレートを抜き去る段階法を用いることが殆どである。しかし，本合成法はチタン化合物とカルボン酸をメタノールに溶かし加熱するだけという究極的に単純な合成法であるため，容易に反応のスケールアップが可能である。現在は一日当たり200 g 程度の中実および中空 MARIMO TiO$_2$ 集合体を生産できるまでに至っている[19]。この大量合成法で得られた中空 MARIMO TiO$_2$ 集合体の TEM 画像を図3に示す。粒子はほぼ球状で粒径は約500 nm である。すべての粒子が中空状であり，殻厚もほぼ均一である。また，中実粒子が全く存在しないことは注目に値する。さらに，反応条件を精査し，一次粒子径，MARIMO 粒子径，中空・中実等の形状を自在に組み合わせた粒子の合成を可能にしている。このように，品質の揃った各種 MARIMO TiO$_2$ 集合体の安定的な大量生産技術を確立した。

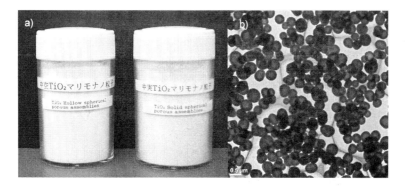

図3　a）大量合成した中空および中実 MARIMO TiO$_2$ 集合体，b）中空 MARIMO
TiO$_2$ 集合体の TEM 画像。

1.3 中空 MARIMO TiO_2 集合体空孔内への貴金属合金ナノ粒子の充填[17, 20, 21]

　中空 MARIMO TiO_2 集合体の更なる機能化を志向し，中空粒子の中心空孔内への貴金属合金ナノ粒子充填を試みた。すなわち，高温・高圧メタノールの持つ空隙への高い浸透性と還元性に着目し，多孔質中空集合体の一次粒子の隙間から貴金属イオンを含むメタノール溶液を内部に浸透させた後，貴金属イオンを高温メタノールで還元することにより，0価貴金属合金ナノ粒子を空孔内部に閉じ込めることを考えた（図4）。実際に，中空 MARIMO TiO_2 集合体，$HAuCl_4$，$PtCl_4$，および $Pd(NO_3)_2$ を含むメタノール溶液を超臨界処理したところ，空孔内に Au-Pt-Pd 合金ナノ粒子を包含した卵黄コアーシェル型 MARIMO TiO_2 集合体が得られた（図5）。この現象は取りも直さず，細い口から小さな部品を挿入し，内部で高次構造物を作り上げる「ボトルシップ」をナノ粒子の世界で実現したことを意味する。さらに興味あることに，空孔内の Au-Pt-Pd 合金ナノ粒子は Au を中心核としその周囲を Pt と Pd が取り囲むコアーシェル構造を示し，全体で $Au@Pt-Pd@TiO_2$ 卵黄コアーシェル型の入れ子構造であることが EDX ラインスキャンにより判明した。

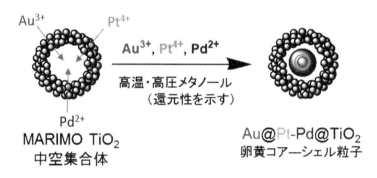

図4　中空 MARIMO TiO_2 集合体への貴金属合金ナノ粒子の充填。

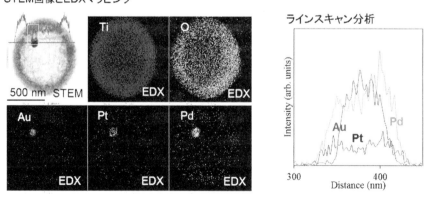

図5　$Au@Pt-Pd@TiO_2$ 粒子の STEM 画像，EDX マッピング，ラインスキャン分析。

1.4　中空 MARIMO 複合酸化物ナノ粒子集合体ワンポット合成と物性制御[22]

　TiO$_2$ナノ粒子の物性変換を目的に，MgO-TiO$_2$，Al$_2$O$_3$-TiO$_2$，SiO$_2$-TiO$_2$，ZnO-TiO$_2$，ZrO$_2$-TiO$_2$，CeO$_2$-TiO$_2$などの複合系酸化物ナノ粒子に関心が集まっている[23~27]。資源量豊富な Al や Zn の酸化物を用いて TiO$_2$ナノ粒子の物性を改変することは工業化学的に意味がある。Al$_2$O$_3$-TiO$_2$複合ナノ粒子および ZnO-TiO$_2$複合ナノ粒子は種々の方法で合成されているが，球状多孔質中空構造を有するナノ粒子集合体の合成法はいまだ確立されていない。そこで，中空 MARIMO Al$_2$O$_3$-TiO$_2$複合集合体および中空 MARIMO ZnO-TiO$_2$複合集合体のワンポット合成を試みた。

1.4.1　合成

　チタンテトライソプロポキシド，アルミニウムトリイソプロポキシドあるいは酢酸亜鉛，およびフタル酸のメタノール溶液を 5.4℃/min の加熱速度で 300℃ まで昇温したのち，10 分間 300℃に保った。上述の MARIMO TiO$_2$粒子集合体合成と同様の処理により，中空 MARIMO Al$_2$O$_3$-TiO$_2$複合粒子集合体を得た。得られた粒子を，Al/Ti-0.50，Al/Ti-0.25，Al/Ti-0.20，Al/Ti-0.10，Al/Ti-0.05 と呼ぶこととし，数字は用いた反応前駆体溶液中の Al/(Al+Ti) モル分率である。同様に，中空 MARIMO ZnO-TiO$_2$複合粒子集合体の場合には，Zn/Ti-0.50，Zn/Ti-0.25，Zn/Ti-0.20，Zn/Ti-0.10，Zn/Ti-0.05 と呼ぶ。

　反応前駆体溶液中の Al のモル分率を 0.05 から 0.50 まで変えて得られた粒子集合体の TEM 画像および STEM-EDX 画像を図 6 に示す。この濃度範囲ではいずれの場合にも中空集合体が得られた。Al 濃度が低い場合には独立した中空 MARIMO 集合体が得られたが，Al 濃度が増えるに従い中空 MARIMO 集合体が融合した粒子が得られた。特に，Al/Ti-0.50 の場合には，中空集合体が連なったチューブ状の粒子に変化した。前駆体溶液中の Al/(Al+Ti) モル分率に対し生成した粒子の STEM-EDX から求められた Al/(Al+Ti) モル分率をプロットすると，ほぼ傾き 1 の直線関係が得られた（図 7）。このことは，中空 MARIMO 複合粒子集合体中の Al/Ti 原子比は前駆体溶液中の Al/Ti 原子比で決定されることを示している。さらに，粉末 X 線回折測定の結果，Al/Ti 原子比を変えて得られたすべての粒子についてアルミナ由来の回折ピークは見られず，アナターゼ由来のピークのみが見られた。一連の結果は，アナターゼ型 TiO$_2$の結晶の一部または粒界に，Al がナノレベルでドープ・複合化されていることを示唆している。

　一方，ZnO-TiO$_2$複合系の場合にも，Zn/(Zn+Ti) モル分率が 0.05~0.50 の範囲で中空集合体が得られた（図 8）。また，この複合系においても，前駆体溶液中の Zn/(Zn+Ti) モル分率と，生成した粒子の STEM-EDX から得られた Zn/(Zn+Ti) モル分率に直線関係が見られた。Al/Ti の場合と同様に，Zn/Ti-0.25 から Zn/Ti-0.05 ではアナターゼ TiO$_2$由来の回折ピークが見られたのみであった。

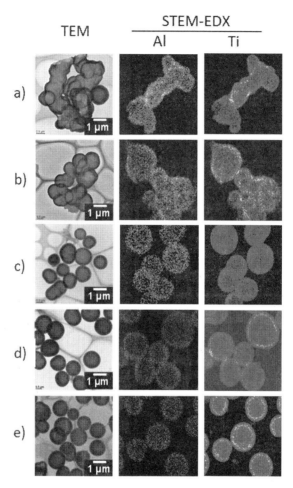

図6　a）Al/Ti-0.50，b）Al/Ti-0.25，c）Al/Ti-0.20，d）Al/Ti-0.10，e）Al/Ti-0.05 の TEM 画像と STEM-EDX マッピング像。STEM-EDX マッピング像では簡素化のために酸素のマッピング像を省略してある。

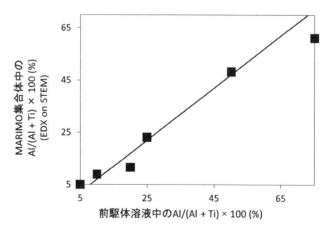

図7　前駆体溶液中の Al のモル分率に対する MARIMO 集合体中の Al のモル分率。

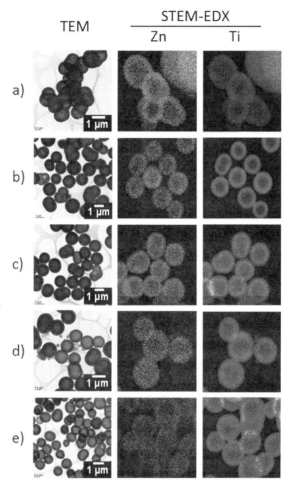

図8　a) Zn/Ti-0.50, b) Zn/Ti-0.25, c) Zn/Ti-0.20, d) Zn/Ti-0.10, e) Zn/Ti-0.05 の TEM 画像と STEM-EDX マッピング像。STEM-EDX マッピング像では簡素化のために酸素のマッピング像を省略してある。

1.4.2　中空 Al_2O_3-TiO_2 複合集合体の高温耐性

　TiO_2 ナノ粒子集合体を触媒担体として用いるには，担体の形が高温になっても変形しない高い高温耐性が要求される。一方，TiO_2 の結晶系の一つであるアナターゼ型結晶は，加熱すると安定なルチル型結晶に転移することは周知のとおりである。この転移反応はあたかも「ドミノ倒し」のように進行し，一旦ルチル型結晶が生成したならば，粒界を隔てて触れ合っている一次粒子間の接点を通じて転移反応が伝搬するとされている。そこで，この「ドミノ現象」を止めるためには粒界に「ストッパー」を導入すればよいと考え，TiO_2 に複合化した Al_2O_3 がその役割を果たすと期待した。我々のアナターゼ型 MARIMO TiO_2 はすでに 800℃ ものアナターゼ–ルチル転移耐性を有してはいるが，1,000℃ では球状中空構造が崩れるとともに結晶系は完全にルチル型に転移した。また，Al を 5% 含む Al/Ti-0.05 でも同様であった（図9）。しかし，Al を

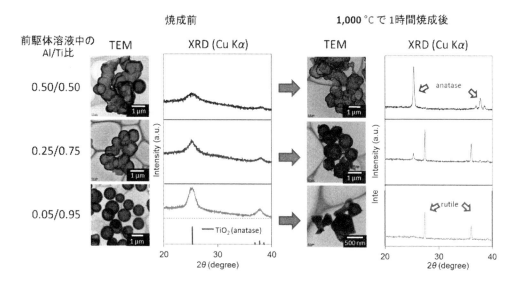

図9　中空 MARIMO Al_2O_3-TiO_2 複合集合体の TEM 画像と XRD パターン。
左，焼成前；右，1,000℃ で焼成後。

25％含む Al/Ti-0.25 の場合には，1,000℃に加熱しても中空球状構造を保ったままであり，しかも，アナターゼ型構造が一部残っていた。さらに，Al を 50％含む Al/Ti-0.50 の場合では，中空球状構造が保たれたまままったくルチル型に転移しないという，極めて高い高温耐性を示すことが明らかとなった。

1. 4. 3　中空 ZnO-TiO_2 複合集合体のバンドギャップエネルギー制御

　TiO_2 のバンドギャップエネルギーの調節は，光触媒や半導体材料への応用にとって重要な研究課題である。ZnO-TiO_2 複合系を用いるバンドギャップエネルギー調節の研究は薄膜材料の分野で盛んに行われているが，多孔質球状中空粒子集合体ではまったく報告例がない。そこで，ZnO の混合比により中空 MARIMO TiO_2 集合体のバンドギャップエネルギー調節を試みた。合成したままの Zn/Ti-0.50，Zn/Ti-0.25，Zn/Ti-0.20，Zn/Ti-0.10，Zn/Ti-0.05 のバンドギャップエネルギーは，MARIMO 複合粒子集合体中の Zn/Ti 原子比にほとんど関わりなく，約 3.3 eV の値を示した（図10）。通常，ナノ粒子のバンドギャップエネルギーは粒径に依存し，粒径が小さいほど大きな値を示す。Zn/Ti 原子比を変えてもバンドギャップエネルギーがほとんど変化しないというこの事実は，複合粒子集合体の TiO_2 一次粒子の大きさが Zn/Ti 比に関わらずほぼ同程度であることを示している。次に，これら複合粒子集合体を焼成することで TiO_2 一次粒子の大きさを変え，これにより TiO_2 のバンドギャップエネルギー調節を試みた。実際に，複合粒子を 500℃で 1 時間焼成すると，Zn 量が少ない場合にはバンドギャップエネルギーが大きくシフトし，Zn 量が多いとそのシフト量は小さくなった。結果として，ZnO-TiO_2 複合ナノ粒子を穏やかに焼成するだけで，TiO_2 のバンドギャップエネルギーを 3.12 から 3.21 eV の間で自由に変化させることが可能になった。

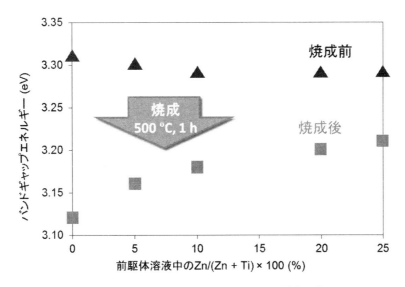

図10　焼成前後での中空 MARIMO ZnO-TiO$_2$ 複合集合体の
バンドギャップエネルギー変化。

1.5　まとめ

　高温・高圧メタノールを反応場とするソルボサーマル法により，テンプレートを用いず，ワンポット単工程で中空 MARIMO TiO$_2$ 集合体を合成した。この手法は前駆体溶液を加熱するのみという極めて単純な手法であるため容易にスケールアップ可能であり，現在，日生産量 200 g スケールで中空 MARIMO TiO$_2$ 集合体の合成が可能である。また，機能化を志向し，貴金属合金ナノ粒子の中空粒子空孔内への挿入を可能にした。さらに，Al$_2$O$_3$ あるいは ZnO と複合化した球状多孔質中空集合体のワンポット単工程合成にも成功した。得られた中空 MARIMO Al$_2$O$_3$-TiO$_2$ 複合集合体は，1,000℃ にも達するアナターゼ−ルチル転移耐性を示した。また，中空 MARIMO ZnO-TiO$_2$ 複合集合体は穏やかに焼成することでバンドギャップエネルギーを 3.12-3.21 eV の間で調節可能であった。

　このように，均一溶液のソルボサーマル法によるワンポット単工程中空 MARIMO ナノ粒子集合体合成法は汎用性に富み，種々の複合金属酸化物を容易に中空 MARIMO 粒子化可能であることを明らかにした。大量合成法確立に伴う物質量確保が可能になったことにより，これら中空粒子の実用展開がさらに加速されることを期待する。

文　献

1）藤 正督，高井千加，高分子，**65**，360（2016）

2）G. Xue, X. Huang, N. Zhao, F. Xiao, W. Wei, *RSC Adv.*, **5**, 13385（2015）

3）Y. Li, J. Shi, *Adv. Mater.*, **26**, 3176（2014）

4）R. Huang, Y. Liu, Z. Chen, D. Pan, Z. Li, M. Wu, C. -H. Shek, C. M. L. Wu, J. K. L. Lai, *ACS Appl. Mater. Interfaces*, **7**, 3949（2015）

5）A. Bhaskar, M. Deepa, T. N. Rao, *Nanoscale*, **6**, 10762（2014）

6）J. Hu, M. Chen, X. Fang, L. Wu, *Chem. Soc. Rev.*, **40**, 5472（2011）

7）J. Yu, J. Zhang, *Dalton Trans.*, **39**, 5860（2010）

8）D. Li, Q. Qin, X. Duan, J. Yang, W. Guo, W. Zheng, *ACS Appl. Mater. Interfaces*, **5**, 9095（2013）

9）T. Ihara, H. Wagata, T. Kogure, K. -i. Katsumata, K. Okada, N. Matsushita, *RSC Adv.*, **4**, 25148（2014）

10）P. Wang, K. Kobiro, *Chem. Lett.*, **41**, 264（2012）

11）王 鵬宇，小廣和哉，ケミカルエンジニヤリング，**57**，554（2012）

12）王 鵬宇，小廣和哉，色材協会誌，**85**，416（2012）

13）P. Wang, K. Ueno, H. Takigawa, K. Kobiro, *J. Supercrit. Fluids*, **78**, 124（2013）

14）P. Wang, K. Yokoyama, T. Konishi, N. Nishiwaki, K. Kobiro, *J. Supercrit. Fluids*, **80**, 71（2013）

15）L. Hou, P. Wang, F. Kong, H. Park, K. Kobiro, T. Ohama, *Phycol. Res.*, **61**, 58（2013）

16）王 鵬宇，小廣和哉，コンバーテック，**41**，121（2013）

17）P. Wang, K. Kobiro, *Pure Appl. Chem.*, **86**, 785（2014）

18）E. K. C. Pradeep, T. Habu, H. Tooriyama, M. Ohtani, K. Kobiro, *J. Supercrit. Fluids*, **97**, 217（2015）

19）球状多孔質無機酸化物ナノ粒子の大量合成技術開発及び実用化研究，http://www.env. kochi-tech.ac.jp/kobiro/external/UKKUT_web/index.html

20）P. Wang, H. Tooriyama, K. Yokoyama, M. Ohtani, H. Asahara, T. Konishi, N. Nishiwaki, M. Shimoda, Y. Yamashita, H. Yoshikawa, K. Kobiro, *Eur. J. Inorg. Chem.*, **26**, 4254（2014）

21）大谷政孝，小廣和哉，ケミカルエンジニヤリング，**60**，335（2015）

22）E. K. C. Pradeep, M. Ohtani, K. Kobiro, *Eur. J. Inorg. Chem.*, 5621（2015）

23）N. Bayal, P. Jeevanandam, *Ceram. Int.*, **40**, 15463（2014）

24）N. Dejang, A. Watcharapasorn, S. Wirojupatump, P. Niranatlumpong, S. Jiansirisomboon, *Surf. Coat. Technol.*, **204**, 1651（2010）

25）M. Agrawal, S. Gupta, A. Pich, N. E. Zafeiropoulos, M. Stamm, *Chem. Mater.*, **21**, 5343（2009）

26）P. Vlazan, D. H. Ursu, C. I. Moisescu, I. Miron, P. Sfirloaga, E. Rusu, *Mater. Charact.*, **101**, 153（2015）

27）S. -T. Wang, M. -Y. Wang, X. Su, B. -F. Yuan, Y. -Q. Feng, *Anal. Chem.*, **84**, 7763（2012）

2 噴霧法および液相法によるテンプレート粒子を用いた中空微粒子の合成

荻　崇*

2.1　はじめに

　中空微粒子は低密度，低屈折率，高い断熱性，吸着性能を持つことから塗料や樹脂への混合材料，反射防止フィルム，断熱材など幅広い応用が期待されている。ここでは，テンプレート粒子を利用した液相法および噴霧法による中空微粒子の合成について著者らの既往の研究[1]を基に述べる。

2.2　テンプレート粒子を利用する中空微粒子の合成方法

2.2.1　概要

　一般的なテンプレート材料としては，無機および有機物材料が使用されている。テンプレート材料の種類とその除去方法を表1に示す[2]。テンプレートを利用する中空微粒子の合成では，テンプレート粒子の表面特性，帯電特性，自己組織化など物理化学的性質を上手く制御して利用することが重要となる。有機テンプレート材料としてポリスチレン（PS）粒子が用いられているが，合成時に，スチレンモノマーの重合開始剤として2,2-アゾビス(イソブチルアミジン)ジヒドロクロライド（AIBA）を添加すると，表面が正に帯電したポリスチレン粒子が合成でき，ペルオキソ二硫酸ジカリウム（KPS）を重合開始剤として用いると表面が負に帯電したPS粒子が合成できる。PS粒子の表面電位は，$-40 \sim +40$ mVまで制御が可能であり，また，サイズにおいても$0.03 \sim 100$ μmまで制御が可能となっている。以降は，PS粒子をテンプレート材料として用いた中空微粒子の合成について示す。

2.2.2　液相法による中空微粒子の合成法

　液相法では，①テンプレート粒子の周りへの目的物質の粒子またはクラスターの付着工程，②テンプレートの除去工程の2段階となっている。このうち，①の目的物質の粒子またはクラスターの付着工程について，具体例としてテンプレート粒子へのシリカ粒子の付着のメカニズムを図1に示す。まず，シリカ原料として添加されたテトラエチルオルトシリケート（TEOS）溶液は分解，拡散，加水分解を経て，シリカモノマーとして溶液中に存在する。このシリカモノマーは液相中でオリゴマー，クラスター粒子，ナノ粒子まで成長する。この中でも一般的には核粒子の状態でテンプレート粒子に付着すると言われているが，どの状態で付着が起こるかはそのときの操作条件によって決まる。

　図2は液相法によるテンプレート粒子を利用する中空微粒子の合成機構である。この手法では，テンプレート上での原料物質の電気的相互作用および反応条件が重要になる。図2（a,b）に示すように，テンプレート粒子と原料物質において電気的引力が働くと，テンプレート粒子が

＊　Takashi Ogi　広島大学　大学院工学研究院　物質化学工学部門　化学工学専攻　准教授

表1　テンプレート法に用いられるテンプレート材料とその除去方法[2]

テンプレート材料の種類		材料の種類		テンプレート除去方法	
				溶解	焼成
有機物	スルホン化 PS	金属	Ag	0.4 M SDS 溶液	500℃, 3h
	加工でんぷん		Ag	水性1α-アミラーゼ水溶液	
	蜜ろう		Ag	Ethanol (EtOH), 70℃	
	PVP	半導体	Cu		500℃, N$_2$雰囲気下
	PS		TiO$_2$		550℃, 2h
	MF copolymer		CdS		450℃, 6h
	SMMA copolymer				1000℃, 1h
	CTAB		Ag$_2$S	Water and CS$_2$	500℃, 4h
	PSAA		ZnS		
	PS			Toluene	
	PAA	酸化物	SiO$_2$		
	Poly (l-lysine)			Water	540℃
	CTAB				450℃, 6h
	PS		Ag-TiO$_2$ composite		600℃, 4h
	PS-PVP-PEO micelle				噴霧熱分解
	PEG				600℃, 6h
	PSSA				550℃, 2h
	PEG		Si/Al composite oxide		650℃, 8h
	PNIPAM	有機物	HEMA	純水における透析5℃, 1ヶ月	
無機物	SiO$_2$	無機・有機コンポジット	PMMA-Ag	HF	
	Ag	金属	Pt	NH$_4$OH	
	SiO$_2$		Ag-TiO$_2$ composite	アルカリ性水溶液	
	CTAB-CaCO$_3$	酸化物	SiO$_2$	酸溶媒, 8h	550℃, 2h
	CdSe-ZnS			酸またはアンモニア水溶液で5日間	
	Au			NaCN 溶液	
	Ag		SiO$_2$	NH$_4$OH	
	Carbon		Al$_2$O$_3$		300℃, 3h の後 600℃
	S	有機半導体	Ag$_2$S	CS$_2$	
	Au		Polypyrrole	KCN/K$_3$[Fe(CN)$_6$]	
	SiO$_2$		PMMA	HF	
	SiO$_2$		Polypyrrole	10 wt%HF, 8h	
	SiO$_2$-PS composite		Polypyrrole	THF, 12h	
	SiO$_2$		PS	HF	

Abbreviation：HEMA, 2-hydroxyethyl methacrylate；PNIPAM, Poly(N-isoprpylacrylamide)；SMMA, styrene-methyl-methacrylate；CTAB, cetyltriammonium bromide；PSAA, poly(styrene-methyl acrylic acid)；PEG, poly(ethylene glycol)；PVP, Polyvinylpyrrolidone；PS-PVP-PEO, polystyrene-Polyvinylpyrolidone-poly(ethylene-oxide)；MF, melamine formaldehyde；PS, polystyrene；PMMA, Polymethyl methacrylate.

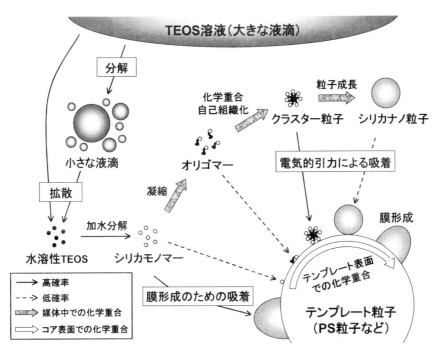

図1　テンプレート粒子に対する無機系分子の吸着過程

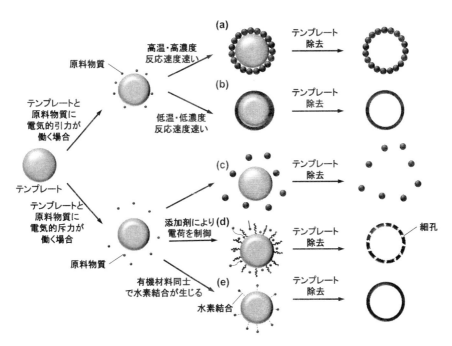

図2　テンプレート粒子を用いた中空構造ナノ粒子の合成機構

原料物質で覆われたコアシェル粒子となる。高温，高濃度な条件では，ナノ粒子が液相で生成する均一核生成が支配的となり，液相で生成したナノ粒子が電気的な引力によってテンプレート粒子をコーティングしたコアシェル粒子が合成される。そして，テンプレート粒子を除去することで，中空微粒子が合成される（図2(a)）。低温，低濃度な環境で反応が進んだ場合は，テンプレート粒子の表面で原料物質が反応，成長する不均一核生成が支配的となる。不均一核生成により，テンプレート粒子表面で粒子が成長するが，その後は，高温，高濃度な条件と同様に中空微粒子が合成される（図2(b)）。図3（a，b）のSEM写真は，PS粒子をテンプレート材料として，異なる合成温度でフッ化マグネシウム粒子の合成した例である[3]。合成温度が75℃は粒子表面に凹凸のある中空微粒子が合成され，合成温度が40℃の場合は，粒子表面が比較的滑らかな状態で合成されていることがわかる。また，原料の反応速度が速い場合には，中空微粒子の合成は難しくなる。例えば，シリカの原料であるテトラメチルオルトシリケイト（TMOS）は加水分解速度が速く，図4(a)に示すように，テンプレート粒子を覆う前に，液相中でナノ粒子が生成してしまい，中空微粒子は合成されない。しかし，TMOSの加水分解時の副生成物であるメタノールを添加することで，加水分解速度を低下することができ，図4（c，d）に示すように，中空シリカ微粒子の合成が可能となっている[4]。

　一方で，テンプレート粒子と原料物質の電気的斥力が非常に強い場合，コアシェルナノ粒子は合成されないため，図2(c)に示すように中空微粒子は合成されない。しかし，テンプレート材料

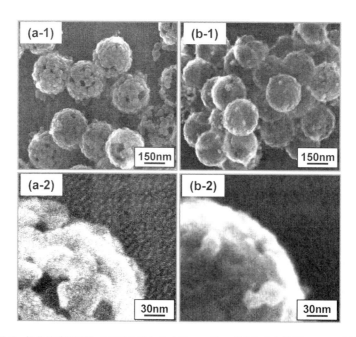

図3　操作温度を変化させて合成した中空フッ化マグネシウム粒子のSEM写真
合成温度：(a-1) 75℃（低倍率），(a-2) 75℃（高倍率），(b-1) 40℃（低倍率），
(b-2) 40℃（高倍率）

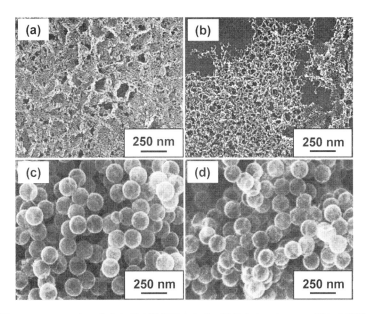

図4　TMOS からの中空シリカ微粒子の合成：溶媒中のメタノール濃度の影響
メタノール濃度（wt%）=(a) 30, (b) 50, (c) 75, (d) 90

に電荷調整剤などを添加することで，テンプレートの表面電位が制御でき，コアシェルナノ粒子が合成される。この場合は，テンプレートを除去する過程で添加剤も共に除去されるため，図2(d)に示すようにシェルに細孔の空いた中空微粒子が合成される。図5(a)は，正帯電した PS 粒子にシリカをコーティングした中空微粒子で，図5(b)は，負帯電した PS 粒子にまず電荷調整剤としてポリジアリルジメチルアンモニウムクロライド（PDADMAc）をコーティングすることで正の電荷を与え，シリカをコーティングして合成した中空微粒子である。この合成法では電荷調整剤が焼成により除去される際，その跡がシェル部分のポアとなり，結果としてシェル部分に細孔の存在する中空構造となる。一方で，電荷調整剤を使用せずに合成した中空微粒子は，シェルの構造が密になっている。これらの液相中での有機物の吸着特性を比較すると，図5(c)に示すようにシェルに細孔をもつ中空微粒子の方が，高い吸着性能を持つことが示されている[5]。

　テンプレート粒子と反応物質が共に有機物であり水素結合が生じる場合がある。そのときは，図2(e)に示すようにテンプレート粒子表面での不均一核生成が支配的となりコアシェル粒子が合成される。図6に原料に3-アミノフェノール，テンプレート材料として PS 粒子を用いてマイクロ波加熱工程と炭化工程によって合成した中空カーボン微粒子の TEM 写真を示す。これは，原料である3-アミノフェノールとテンプレートである PS 粒子が水素結合を介して結合しており，PS 粒子周りで反応が優先的に生じたためであると考えられている。3-アミノフェノールと PS 粒子の混合比を変化させることで，中空径は変化せず，膜厚が14〜66 nm まで制御されている（図6(e)）。また，粒径においても 60〜320 nm まで制御できることが報告されている[6]。

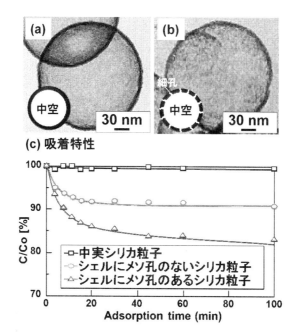

図5　異なるシェル構造を持つ中空シリカ微粒子の合成と吸着特性
(a)正帯電 PS 粒子を用いて合成したシェルにメソ孔のない中空シリカ微粒子，(b)負帯
電 PS 粒子に電荷調整剤を添加して合成したシェルにメソ孔のある中空シリカ微粒子，
(c)各種の構造を持つシリカ微粒子のローダミン B 吸着特性

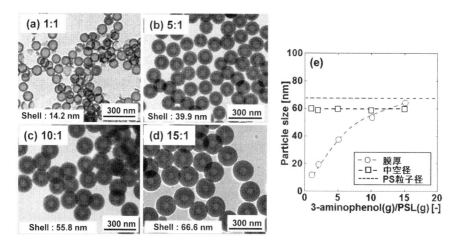

図6　マイクロ波加熱法を用いた中空カーボン微粒子の合成：3-アミノフェールと
　　　PS 粒子の質量比の影響
3-アミノフェール(g)：PS 粒子(g)＝(a) 1：1，(b) 5：1，(c) 10：1，(d) 15：1，(e)膜厚と質量比の関係

2.2.3　噴霧法による中空微粒子の合成法

　図7は噴霧法による中空微粒子の合成機構を示す。出発液としてナノ粒子材料の懸濁液中にテンプレート材料であるPS粒子を添加し，空孔を持つ粒子を合成する方法である。噴霧された液滴内にはナノ粒子とPS粒子が含まれるため，溶媒の蒸発後にナノ粒子とPS粒子の自己組織化により凝集体が形成され，この後で熱処理をすることでPS粒子のみが除去されて，空孔構造を持つ粒子が合成される。ベースとなる無機系のナノ粒子とPS粒子のゼータ電位の符号が同じ場合では，図7(a)に示すように液滴内で粒子同士が反発をするために，PS粒子が外にむき出しになるポーラス微粒子が生成する（図8(a)）。一方で，粒子同士が異なる符号の場合では，図7(b)に示すように無機のナノ粒子がPS粒子の周りを覆うために中空微粒子となる[7]。特に粒子径の大きいPS粒子をナノ粒子に対して多く用いた場合は，図7(c)に示すように表面がモスアイ構造を持つ中空微粒子が合成される（図8(b)）。このように，PS粒子の大きさが形成される空孔の大きさを決める。最近では，この噴霧乾燥法の実験条件を精密に制御することで，図8(c)に示すように1から6個までのシリカナノ粒子の中空微粒子を合成することも可能となっている[8]。さらに，帯電した液滴内でナノ粒子の自己組織化をすることで，粒子の内部構造が異なる中空微粒子が合成されている[9]。図9は，表面電位とサイズが制御されたシリカナノ粒子とPS粒子を静電噴霧法により噴霧して，加熱をした結果である。シリカナノ粒子とPS粒子が同符号の場合では，粒子間に斥力が作用して，図9(a)に示すようにPS粒子がシリカナノ粒子で完全に被覆されない

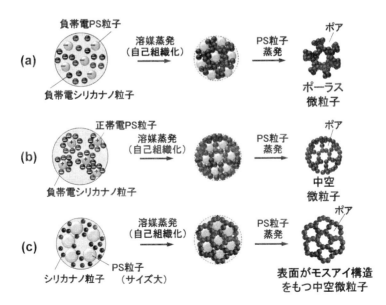

図7　噴霧法によるポーラスおよび中空微粒子の合成機構
(a)負帯電PS粒子と負帯電シリカナノ粒子を用いて合成したポーラス微粒子，
(b)正帯電PS粒子と負帯電シリカナノ粒子を用いて合成した中空微粒子，(c)
サイズの大きい負帯電PS粒子とシリカナノ粒子を用いて合成した中空微粒子

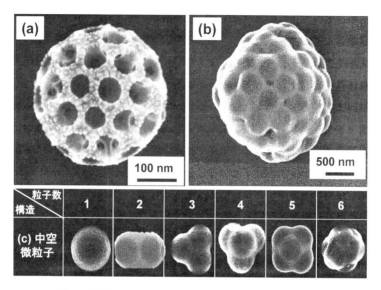

図8　噴霧法によるポーラスおよび中空微粒子の合成機構
(a)負帯電 PS 粒子と負帯電シリカナノ粒子を用いて合成したポーラス微粒子,
(b)サイズの大きい負帯電 PS 粒子とシリカナノ粒子を用いて合成した中空微
粒子, (c)1-6 個の空孔を持つ中空微粒子の合成

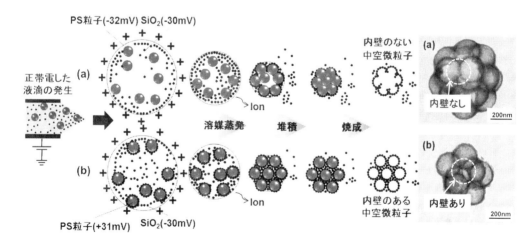

図9　静電噴霧法によって合成された内部構造が異なるシリカ中空微粒子
液滴は約 6.0 μm の正帯電；シリカナノ粒子のサイズ：5 nm, PS 粒子のサイズ：200 nm
(a)内壁のない中空微粒子, (b)内壁のある中空微粒子

ために内壁は残らない。一方，シリカナノ粒子とPS粒子が異符号の場合では，粒子間に引力が作用して，図9(b)に示すように内部にシリカの内壁が残る。また，超音波噴霧などで発生させた無帯電の液滴を用いた場合は，外部にマクロ孔が空いた粒子が合成されるが，同条件の出発液を用いた場合でも静電噴霧では，発生した液滴が帯電しているために，負帯電のシリカナノ粒子が液滴界面に引き寄せられて中空微粒子となることが明らかとなっている。

文　　　献

1) T. Ogi, A. B. D. Nandiyanto, K. Okuyama, *Advanced Powder Technology*, **25** (1), 3-17 (2014).

2) R. G. Chaudhuri, S. Paria, *Chemical Reviews*, **112**, 2373-2433 (2012)

3) A. B. D. Nandiyanto, T. Ogi, K. Okuyama, *ACS Applied Materials & Interfaces*, **6**, 4418-4427 (2014).

4) L. Ernawati, T. Ogi, R. Balgis, K. Okuyama, M. Stucki, S. C. Hess, W. J. Stark, *Langmuir*, **32** (1), 338-345 (2016).

5) A. B. D. Nandiyanto, Y. Akane, T. Ogi, K. Okuyama, *Langmuir*, **28** (23), 8616-8624 (2012).

6) A. F. Arif, Y. Kobayashi, R. Balgis, T. Ogi, H. Iwasaki, K. Okuyama, *Carbon*, **107**, 11-19 (2016).

7) S. Y. Lee, W. Widiyastuti, F. Iskandar, K. Okuyama, L. Gradoń, *Aerosol Science and Technology*, **43**, 1184-1191 (2009).

8) S. Y. Lee, L. Gradon, S. Janeczko, F. Iskandar, K. Okuyama, *ACS Nano*, **4**, 4717 (2010).

9) A. Suhendi, A. B. D. Nandiyanto, M. M. Munir, T. Ogi, L. Gradon, K. Okuyama, *Langmuir*, **29** (43), 13152-13161 (2013).

3　油中水滴分散型エマルションを利用した中空粒子合成

岡田友彦*

3.1　はじめに

　油中水滴分散型エマルション（W/O エマルション）とは，連続相としての油相に微小水滴（内水相）が分散した状態をいう。ある化学種を含んだ水滴を有機溶媒に分散させ，その水滴界面で中空粒子を形成した後溶媒を蒸発させるとカプセル化が可能となる。この方法では，液滴に注入する成分が水溶性であること，あるいは水に対して良好に分散する微粒子が物質内包に好適である。また，焼成あるいは溶解によって鋳型を除去する必要がないため，熱分解や酸化分解しやすい物質系にも適用できる点が材料合成の観点で長所といえるが，単分散な中空粒子を得るにはエマルションの水滴サイズを均一にする必要がある。ホモジナイザーや超音波照射等によって水（溶液）を微細化しても，水滴が合一して短時間で二相分離する可能性があるので，本手法で中空粒子を得るには，エマルションの分散安定性を高くすることが重要といえる。エマルションの分散安定性は，油相（粘性や比重，誘電率の違いなど）や乳化剤（界面活性作用や疎水性－親水性バランス HLB 値の違い）の組成に影響されるので，これらを適切に選択すれば，粒子径が制御されたカプセルが得られると期待される。本稿では，油相に分散した水滴を鋳型とした中空粒子の合成法について俯瞰するとともに，内水相に化学種を溶解あるいは分散させる方法で中空粒子に内包した例について紹介し，本系の将来性について考える。

3.2　油中水滴分散型（W/O）エマルションを用いた中空粒子の合成

3.2.1　有機高分子

　中空粒子壁の素材のうち，実用的に広く利用されているものは，天然および合成高分子である。
　モノマーを内水相から油連続相側へ供給するか，油連続相にモノマーを溶解させておき，逆の相から重合触媒を供給することによりカプセル化することができる。有機高分子の中空粒子合成の研究は歴史が長く，50 年以上前にもさかのぼる。クロロホルム－シクロヘキサンの混合溶液に赤血球溶血物を内水相として分散安定化させ，その水滴界面で分子が透過するナイロン膜を形成するというものであり，Chang が Science 誌で発表した[1]。この研究が端緒となって，酵素そのものを直接人体へ投与することで強いショック（抗原抗体反応）を引き起こさないよう酵素をカプセル化し，水溶液中における活性が調べられるようになった。国内ではこの頃 Koishi ら[2]によってポリ（1,6-ヘキサンジアミンジイルテレフタロイル）の中空粒子合成が報告された。内水相には 1,6-ヘキサンジアミンと炭酸ナトリウムを溶解しておき，これを Span 85 を含むクロロホルム－シクロヘキサンの混合溶液に水：有機溶媒＝15：85（体積比）の割合で混ぜ乳化した。つづいて撹拌しながら同じ有機溶媒に溶かしたテレフタロイルジクロリドをジアミンに対して等モルで加えた。その結果，水相のジアミンと油相のテレフタロイルジクロリドで重縮合反応が進行

　＊　Tomohiko Okada　信州大学学術研究院（工学系）　准教授

し中空粒子が形成した。水相に溶解する炭酸ナトリウムは発生する塩化水素の中和に役立つ。以上の例のような縮重合反応に限らず，ラジカル重合やイオン重合等によりポリマー化することでも中空粒子が得られており，現在まで多数報告されている。詳細については，紙面の都合上最新の総説[3]を参照されたい。

　分散安定性が良好なW/Oエマルションそのものを「油滴」として水に分散させ乳化すると(W/O)/W型エマルションが得られる。「油滴」が乳化剤となって水中で安定に分散している，と考えてもよい。本稿ではW/Oの単純エマルションを対象としているので詳細は総説[3]および成書[4]に譲るが，有機高分子カプセルの合成にはこのような複合型エマルション（多相エマルションともいわれる）を鋳型に利用する例が多く見られる。液滴界面における重合反応に加えて，ポリマーを界面で沈殿させる方法も知られている。この場合，有機溶媒ないしは水に易溶でありかつpH変化によって溶解度が減少する（このとき中空粒子が形成する。）ポリマーが適用され，成書では下記のように例示されている[4]。

　　油相［高分子（有機溶媒)]：ポリスチレン（塩化メチレンまたは四塩化炭素），ポリカーボネート（塩化メチレン），エチルセルロース（ベンゼンまたはシクロヘキサン），スチレン－ブタジエン共重合体（ベンゼン），酢酸ビニル－エチレン共重合体（ベンゼン），塩化ビニリデン／アクリロニトリル（80/20）共重合体（シクロヘキサノン）

　　内水相：ゼラチン，アラビアゴム，デキストリン，カゼイン，タンパク質，セルロース，カルボキシポリメチレン，スチレンマレイン酸反応生成物，ポリビニルアルコール，多糖類

　また，油相には沸点が100℃以下で水と混和しない性質のものが使われており，ベンゼン，トルエン，キシレン，シクロヘキサン，ヘキサン，ヘプタン，酢酸エチル，メチルエチルケトン，エチルエーテル，四塩化炭素，クロロホルム，ハロゲン化エチレンなどがその例である[4]。

3.2.2　シリカ類

　無機物質の中空粒子研究において最も多い物質群はシリカ類である。本書では，シリカ（SiO₂）の他にもシリコーンに代表される有機シリカ中空粒子の合成例を含めるため，「シリカ類」と冠した。研究例が多い理由は，他の無機物質に比べ構造が柔軟（Si-O-Si結合角に自由度がある）であるゆえに，形状制御しやすいためであろう。研究黎明期は20世紀末から21世紀初頭である。この頃F. Carusoらが発表した方法[5,6]が代表例であるように，単分散な固体粒子（ポリマービーズなど）を鋳型に用い，そのサイズ形状を直接反映して粒子径の揃ったシリカ中空粒子が合成されている。

　エマルションを利用した合成においてカプセル径を均一にするのであれば，液滴のサイズを均一にすることが必要と考えられる。シリカ類の中空粒子の形成は，液滴界面における重縮合反応によるものがほとんどである。有機高分子に比べると構造の柔軟性に劣るためであり，重合度が高く異方性の強いポリマーを堆積させるには難しいからと推測される。有機溶媒に可溶な有機シラン類あるいは重合度の低いシリコーン類を油相に溶解してエマルションとする。内水相へ原料を溶かし込む場合ではメタケイ酸ナトリウム等の水ガラスあるいはシリカゾルが用いられる。有

機高分子系と同様に重縮合反応の触媒は原料と対の相に加わる。

Mishima らは，W/O エマルションの水滴界面で有機シランを加水分解重縮合することでポリアルキルシロキサン中空微粒子が得られることを報じている[7]。研究初期（2002 年）では，トルエンに少量の水を分散しメチルトリクロロシランを添加すると，直径数 μm の有機シリカカプセルが得られることを報告している。W/O エマルションの分散安定性を高めるため，予めオクチルトリクロロシランを添加しており，メチルトリクロロシランの加水分解物と共重合させポリアルキルシロキサンの中空粒子を得ている（図1）。構造中のオクチル基は，400℃の焼成によって選択的に酸化分解され，ポリメチルシロキサン中空微粒子となり比表面積が極大（約 400 m^2/g）となる。また，残存するメチル基は 600℃焼成によって消失し，シリカ中空粒子に構造変化する。

用いる油相により得られるカプセルの粒子径は異なる。誘電率が比較的低いイソオクタンおよび n-ヘキサンを用いると，粒子径が揃う傾向にあることも報告している[8]。また，Span 60 を乳化剤として少量添加すると，中空粒子径は小さくかつ均一になる傾向にある。他方，有機シランの添加量を少なくすると，中空粒子壁が薄膜状になり，図2のようにカップ状に変形する。最近，筆者らはアミノプロピルシリル基を共重合させた薄膜状の粒子を合成し，表面のアミノ基との相互作用を利用して酸化チタン（アナターゼ）を高分散に担持した[9]。水に浮遊しながら光触媒反応する材料として応用できることを報告している。

クロロシラン類では加水分解で HCl が生成し，これがシラノール縮重合の触媒となるので，触媒を予め添加せずとも迅速に重縮合が進行する。もし重縮合よりも水滴の合一が速いとシリカ中空粒子は形成しにくいと考えられる。テトラエチルオルソシリケート等のアルコキシシランを

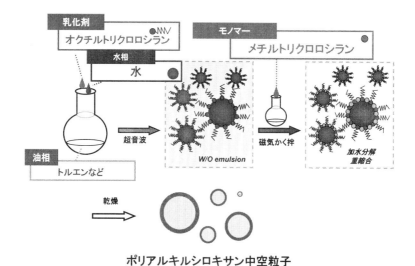

ポリアルキルシロキサン中空粒子

図1　W/O エマルションを利用した有機シリカ中空粒子の合成スキーム[7]

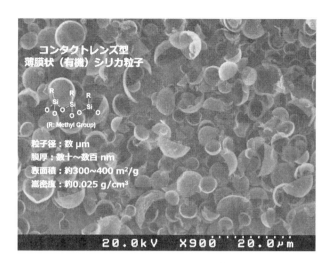

図2　薄膜カップ状有機シリカ粒子の SEM 像[8]：図1の方法で乳化剤およびモノマーを 1/5 に減らすと，中空粒子壁が薄くなり乾燥とともにつぶれてカップ状となる。

用いる場合，一般には内水相にアンモニア等を添加して重縮合反応を促進させる[10~13]。超音波照射によって生成するラジカル種が加水分解重縮合の触媒となることもある[11]。

　Horikoshi ら[12]は，油相の種類が W/O エマルションの分散安定性および生成する中空粒子径に及ぼす影響について検討している。エマルションの分散安定性の高さは，シクロヘキサン＞オクタン＞ベンゼン＞ヘキサン＞ドデカンの順であり，最も安定なシクロヘキサンを油相としたときの水滴サイズおよび粒子径は，それぞれ 0.17 μm および 100±20 nm であった。その他の有機溶媒では水滴サイズと中空粒子径が一致しない場合があるなど，中空粒子の形成機構の明確化には更なる検討を要すると思われるが，得られる中空粒子径は比較的均一である。

　単純エマルション系では，W/O エマルションに比べ O/W 系（水中油滴分散型エマルション）での合成例が多く，粒子径が比較的均一な有機シリカ中空粒子が得られる傾向にある[14~16]。複合（多相）エマルションを利用してシリカ中空粒子を合成する例もある。Fujiwara[17]らは図3に示すように，内水相にメタケイ酸 Na 水溶液（WP-1），界面活性剤（Span 80 および Tween 20）が溶解したヘキサンを油相（OP）として W/O エマルションとし，続いてこれを炭酸水素アンモニウム等（沈殿剤）の水溶液（WP-2）に分散させ，ヘキサンを除去することによりシリカモノマー溶液と沈殿剤溶液を接触させることで，シリカの中空粒子を得ている。水および油相の体積，沈殿剤の種類およびホモジナイザーの回転速度によって，中空粒子径が変化することも示している。シリカの重縮合は WP-1 と WP-2 界面だけでなく，WP-1/OP および WP-2/OP 界面でも進行したことを指摘している。WP-1 相に NaCl を添加すると，メタケイ酸 Na の溶存量が低下し，液−液界面でシリカナノ粒子の生成が促進されるとともにシリカナノ粒子の径が変化す

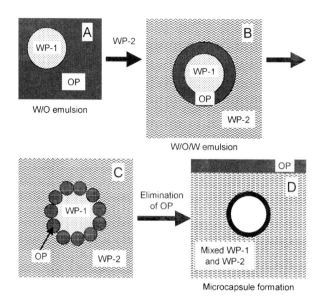

図3　W/O/W 多相エマルションを利用したシリカ
中空粒子の合成スキーム[17]

る[18]。このシリカナノ粒子の集合体が中空粒子壁となるので，NaCl の添加量に応じて中空粒子
表面のマクロ孔径が変化する。多相エマルションを用いると，メソスケールの微小粒子とマイク
ロ粒子が同時に生成することもあるが，乳化剤の添加量を増やしていくと均一かつナノレベルに
微細な中空粒子が得られることも報告されている[13]。

　乳化方法も種々提案されており，マイクロ流路で連続的に液滴を供給する方法[19,20]や，シラス
多孔質ガラス（SPG）膜に分散液を一定圧力で通じて W/O エマルションとするいわゆる SPG 膜
乳化法[21]なども中空粒子合成プロセスに用いられている。

　シリカモノマーの重縮合が液滴界面で進行するか，バルク液相中で部分的に進行して生成した
オリゴマーが液滴界面に吸着され二次的に重縮合が起きるかを追跡し判別するのは難しい。
Pickering エマルション[22]は，ナノスケール（$r \approx 10^{-7}$ m）の微粒子が液滴界面に吸着される，す
なわち微粒子が乳化剤として機能しエマルションを安定化する，という概念である（図4）。界
面活性剤分子が乳化剤として機能する従来のエマルションと異なり，油相の接触角が鈍角であれ
ば粒子自身が両親媒性である必要がない。気－液界面においてもシリカナノ粒子が濃集し中空粒
子を形成することがある[23]。流動パラフィン－水系では有機シリカ微粒子が W/O エマルション
を安定化するという報告もある[24]。これらは単純エマルション系での中空粒子形成機構とも関連
すると思われ興味深い。

3.2.3　その他の無機化合物

① グラフェン[25]

　酸化グラフェンのナノシートを W/O エマルションの液滴界面へ堆積させることにより中空粒

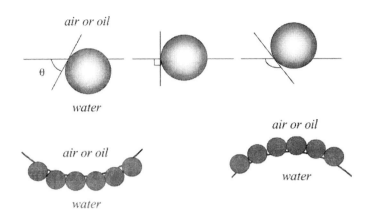

図4　Pickering エマルションの液－液界面の模式図[22]：乳化剤として
機能する粒子が（左側）親水性の場合，（右側）疎水性の場合の
存在位置を示す。

子が形成する例がある。内水相にアンモニア水，油相にオリーブ油を用いると，乳化剤フリーで
エマルションが安定化する。中空粒子径は $2～10\,\mu m$ であり，グラフェンの酸化の度合い（カル
ボキシ基や水酸基等の量）によって径が異なる。負に帯電する酸化グラフェンが水相のアンモニ
ア分子で中和されることによって，グラフェンシートの堆積を促したと考察している。

② **バテライト（炭酸カルシウム）**[26]

　Fujiwara らは文献17で示した方法に基づき，直径数 μm バテライトの中空粒子を合成した。
Tween 85 で安定化された W/O エマルション（油相：$n-$ヘキサン，内水相：炭酸アンモニウム
水溶液）を塩化カルシウム水溶液に添加することで多相エマルションとし，液－液界面で炭酸カ
ルシウムを析出させた。タンパク質を含む緩衝液中でバテライトをカルサイトに転移させること
で，タンパク質を内包した炭酸カルシウムのカプセル化に成功した。

③ **アナターゼ・ルチル（酸化チタン）**[27]

　Yamazaki らは，W/O/W 多相エマルションを利用した酸化チタンの中空粒子合成について最
近報告した。ビス乳酸チタニウムと NaOH の混合溶液をヘキサンに分散させ，これを W/O エマ
ルションとしてポリエチレンイミンが溶解する水溶液に添加した。得られた中空粒子の直径は数
十 μm であり，700℃で焼成するとアナターゼからルチルへ転移するが，中空の形状は維持され
ている。

④ **水酸化銅**[28]

　Bourret らは，W/O エマルションの液滴界面で水酸化銅のナノファイバーを成長させ，これ
らが凝集することで中空粒子となることを報告した。内水相として塩化銅（II）水溶液，油相と
してアルキルアミンのジクロロメタン溶液を用い，乳化剤なしで混合すると得られる。油相に添
加する $n-$ブタノールの量を増やすと中空粒子径が 2.5 から $5\,\mu m$ へと増大する。

3.3　内包

W/O エマルションの水滴に内包したい物質（前駆物質を含む）を溶解ないしは分散した状態で，その液滴界面で中空粒子を形成することで物質を内包できることがある。

3.3.1　磁性微粒子の内包

磁性微粒子を内包することによって，微粒子の凝集を防ぎ微粒子そのものの機能が維持される。磁性微粒子の内包には，保護剤でコーティングされた磁性微粒子が有機溶媒に分散した状態（磁性流体）のものを水と混合しエマルション化する，すなわち O/W エマルションをテンプレートに用いることが多い[14]。他方，W/O エマルション系では界面活性剤で保護された磁性微粒子を乳化剤（Pickering W/O エマルション）としてシリカ中空粒子に内包した例もある[29]が，磁性微粒子そのものを水滴に含ませる[29,30]，あるいは金属塩水溶液を油連続相に分散させる[31~35]方法がある。金属塩水溶液を出発原料に用いる場合では，油相に界面活性剤（乳化剤）とカプセルの原料成分を溶解させ，内水相に磁性体原料（金属塩）を溶解した状態でエマルション化する。次いで金属イオンの還元とカプセル化を行う。

Haeiwa ら[31]は，油相としてのトルエンに界面活性剤（ジドデシルジメチルアンモニウム）およびテトラエチルオルソシリケートを溶解し，水相に塩化コバルトと還元剤（水素化ホウ素ナトリウム）を混ぜることで，Co を内包したシリカカプセルを合成している。鋳型が逆ミセルのスケールであり，得られたシリカカプセルの直径は約 6 nm で比較的単分散である。400℃で熱処理をしても，Co ナノ粒子の平均粒子径は 2.9 nm から 3.7 nm にわずかに増大する程度で，カプセル化によって Co ナノ粒子の凝集が抑えられている。得られたシリカカプセルを凝集させないために，ヘキサメチルジシラザンで表面シラノール基をキャッピングしている。

W/O エマルションのスケールで磁性微粒子を内包する場合，金属塩水溶液を有機溶媒に分散させ，液滴界面でシリカを重合する方法が主である。シリカを重合する前に湿式還元で磁性体を生成する[32]か，乾燥後に水素還元によって磁性微粒子化する方法がある[33~35]。後者の一例を示す。図 5 のように硝酸コバルトをエマルションの水滴に溶解させ，3.2.2 で記述した方法[7,8]に基づいて有機シランを水滴界面で重合させる[33]。沈殿物を乾燥させるとカプセル内部の水が蒸発し，コバルト塩が残る。カプセルの直径は平均で 1 μm 前後で逆ミセルを鋳型とした場合より大きく（0.1～数 μm）多分散である。続いて乾燥物を焼成すると酸化コバルトがシリカ中空粒子に内包された状態となる。焼成温度が 600℃であると中空粒子壁は多孔性であるため，水素ガスを流通すると金属コバルトに還元され磁性を帯びる。硝酸鉄を水滴に溶解して同様に調製すればマグネタイト（Fe_3O_4）あるいは α-鉄を内包することもできる[34]。700℃で熱処理するとシリカ中空粒子壁は水溶液を通さないほど緻密（1 mol/L の塩酸に 1 年浸しても溶解しない粒子も存在するほどである）になる。このカプセル表面にスルホ基をシリル化反応で固定すると，磁気分離能を備えた陽イオン交換体として機能し，酸洗浄すると繰り返し使用できる[34,35]。また，陽イオン交換性の層状ケイ酸塩（ナノシートと陽イオンの交互積層体）をシリカ表面で不均一核生成反応で成長する現象[36~39]を適用すると，マグネタイトを内包したシリカカプセルの表面を無機の陽イオ

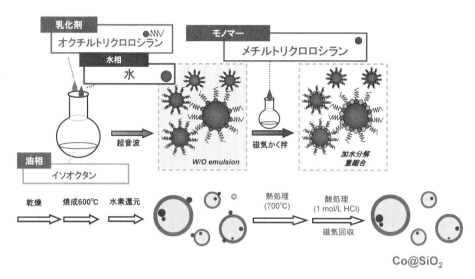

図5　金属コバルトを内包したシリカ中空粒子の合成スキーム[33]

ン交換体で修飾できることも報告されている[40]。イオン交換容量や吸着選択性など材料の機能としては十分とはいえないので更なる改善が必要であろう。

3.3.2　触媒活性粒子の内包

　触媒活性粒子そのものを内水相に含有したW/Oエマルションの水滴界面で中空粒子を形成し，水を蒸発させることで触媒活性粒子を内包する方法がある。触媒活性粒子を内包すると，活性種と反応物が中空粒子によって空間的に隔離された状態となる。中空粒子壁がゼオライトのように分子篩の役割を担う場合，反応物の吸着選択性を反映し，特定の触媒反応が進行すると期待される。このような概念で，触媒活性種をカプセル化した例が報告されている[41, 42]。

　12-タングストリン酸をはじめとするヘテロポリ酸は，その優れた酸性質から均一系の酸触媒として長く研究されている物質である[43]。触媒反応の生成物と触媒を分離するため，ヘテロポリ酸を固体に担持した触媒（不均一系触媒）も設計されている[44～46]。筆者らは，12-タングストリン酸を内水相に，トルエンを油相としたW/Oエマルション中で有機シランを加水分解重縮合させ，12-タングストリン酸の結晶を内包した有機シリカを調製した[47]。生成物を400℃で焼成すると，エマルションの安定化に寄与しているオクチルシリル基は酸化分解され多孔質なポリメチルシロキサン中空粒子となるが，12-タングストリン酸は結晶状態を保つ。この複合粒子は，エタノールの気相脱水反応に活性であることを報告しており，Span 60を乳化剤として添加してカプセルを微細化することで高活性となった。

　12-タングストリン酸のCs酸性塩（以下CsPWと略記）は水に不溶な微結晶であるが，水に良好に分散し安定な懸濁状態で固体酸性質を示す[48]。筆者らは，CsPWを含む水懸濁液を流動パラフィンに分散させ，メチルトリクロロシランを加えて加水分解・重合させると，CsPWが内包

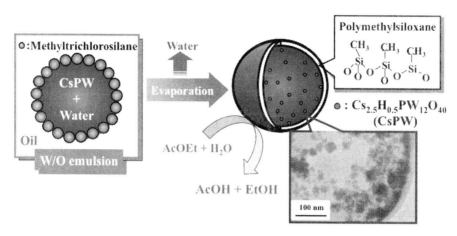

図6 CsPW 微結晶を内包した有機シリカ中空粒子[19]：酢酸エチルが TEM 像（図右下）
でみられる斑点状の CsPW と接触しエタノールと酢酸に加水分解される。

されたポリメチルシロキサン中空粒子が得られることを報告した（図6）[49]。ここでは乳化剤を
添加せずとも分散安定性の高い W/O エマルションが得られている。組成が複雑であり粘度の高
い有機溶媒を油相に用いると比較的安定な W/O エマルションが得られる傾向にある[50]。カプセ
ルの直径は，0.1〜3μm であり，数十 nm の極めて薄い有機シリカ膜によって CsPW の微結晶群
を内包している。このカプセルに対して水溶液中で酢酸エチルの加水分解を実施した結果，1 活
性点あたりの酢酸エチルの消費量は，内包していない CsPW 結晶と比べて多かった。反応物が
多孔質かつ疎水性のポリメチルシロキサン中空粒子壁を通過して，カプセル内で高分散担持され
ている CsPW 結晶と効率良く接触したと考えられている。また，カプセル化することによって
反応後水溶液から回収が容易になり，繰り返し使用しても著しい活性の低下はみられなかったこ
とからもカプセル化の意義が示されている。

3.4 まとめと展望

　W/O エマルションの液滴をテンプレートとした中空粒子の合成方法を中心についてまとめ
た。水滴に溶解あるいは分散させる成分としては，酵素などの生体高分子をはじめ磁性体や触媒
活性種など多様である。エマルションを安定化する乳化剤の開発（界面活性剤およびナノ粒子）
に加え，マイクロ流路デバイスや SPG 膜などの乳化技術の進歩によって，エマルションテンプ
レートであっても粒子径分布が比較的均一な中空粒子が得られるようになってきた。一方，中空
粒子の分子レベルでの形成機構についてはいまだ議論の余地があり，エマルション液滴の合一，
中空粒子成分（オリゴマーやクラスターあるいは超微粒子）の成長，およびこれら微小な構造体
の界面への吸着が中空粒子形成と関係すると思われる。これらの相互関係を経時的かつ空間的に
理解することが重要であると考えられ，基礎的な研究の蓄積が今後も必要であろう。

　W/O エマルションを鋳型とする場合に限らず，中空形状ならではの機能探索も重要な課題である。軽量であるという特徴を活かした素材や，徐放剤，色素カプセルなど工業利用されている機能については他の章で詳述されているのでここでは割愛させて頂いた。コバルト内包シリカ外表面にマグネタイト微粒子を固定することで保磁力が著しく減少する[51]といった特異な現象がみられるように，中空粒子壁を隔てて異種の物質が空間的に隔離されながら相互作用することで新たな物性（機能）が発現することもある。そのため，表面修飾が容易な中空粒子を合成することは有用と考えられる。とくにシリカ類はその表面特性（親疎水性や酸塩基性など）の制御の容易さから，内包と表面改質を組み合わせた位置選択的な材料設計を行ううえで発展性を秘めた物質系といえよう。内包物と中空粒子の機能双方を協同的に活用できうることは材料化学的にも意義深く，エマルションとして分散する液滴組成の多様性にも着目すると，今後も新たな機能の創発が期待される。

謝辞
本稿をまとめるにあたり，信州大学吸着・触媒化学研究室の学生諸氏（小出崇史，山内雅大，小高裕貴）が資料の収集および整理などで協力してくれたことを記し，感謝する。

文　　　献

1) T. M. S. Chang, *Science*, **146**, 524 (1964).

2) M. Koishi, N. Fukuhara, T. Kondo, *Chem. Pharm. Bull.*, **17**, 804 (1969).

3) K. Piradashvili, E. M. Alexandrino, F. R. Wurm, K. Landfester, *Chem. Rev.*, **116**, 2141 (2016).

4) 近藤　保・小石真純，新版 マイクロカプセル−その製法・性質・応用−，三共出版，1987.

5) F. Caruso, R. A. Caruso, H. Mohwald, *Science*, **282**, 1111 (1998).

6) F. Caruso, *Chem.-Eur. J.*, **6**, 413 (2000).

7) S. Mishima, M. Kawamura, S. Matsukawa, T. Nakajima, *Chem. Lett.*, **31**, 1092 (2002).

8) S. Mishima, T. Okada, T. Sakai, R. Kiyono, T. Haeiwa, *Polym. J.*, **47**, 449 (2015).

9) Y. Maki, Y. Ide, T. Okada, *Chem. Eng. J.*, **299**, 367 (2016).

10) H. Yoon, J. Hong, C. W. Park, D. W. Park, S. E. Shim, *Mater. Lett.*, **63**, 2047 (2009).

11) W. Wu, C.-L. Cheng, S.-L. Shen, K. Zhang, H. Meng, K. Guo, J.-F. Chen, *Colloid Surf. A*, **334**, 131 (2009).

12) S. Horikoshi, Y. Akao, T. Ogura, H. Sakai, M. Abe, N. Serpone, *Colloid Surf. A*, **372**, 55 (2010).

13) S.-H. Wu, Y. Hung, C.-Y. Mou, *Chem. Mater.*, **25**, 352 (2013).

14) X. W. Lou, L. A. Archer, Z. Yang, *Adv. Mater.*, **17**, 3987 (2005).

15) C. I. Zoldesi, A. Imhof, *Adv. Mater.*, **20**, 924 (2008).

16) C. I. Zoldesi, P. Steegstra, A. Imhof, *J. Colloid Interface Sci.*, **308**, 121 (2007).

17）M. Fujiwara, K. Shiokawa, Y. Tanaka, Y. Nakahara, *Chem. Mater.*, **16**, 5420 (2004).

18）M. Fujiwara, K. Shiokawa, I. Sakakura, Y. Nakahara, *Langmuir*, **26**, 6561 (2010).

19）S.-W. Choi, Y. Zhang, Y. Xia, *Adv. Funct. Mater.*, **19**, 2943 (2009).

20）B. J. Sun, H. C. Shum, C. Holtze, D. A. Weitz, *ACS Appl. Mater. Interfaces*, **2**, 3411 (2010).

21）C. J. Cheng, L.-Y. Chu, J. Zhang, M.-Y. Zhou, R. Xie, *Desalination*, **234**, 184 (2008).

22）B. P. Binks, *Curr. Opin. Colloid Interface Sci.*, **7**, 21 (2002).

23）B. P. Binks, T. S. Horozov, *Angew. Chem., Int. Ed.*, **44**, 3722 (2005).

24）B. R. Midmore, *J. Colloid Interface Sci.*, **213**, 352 (1999).

25）P. Guo, H. Song, X. Chen, *J. Mater. Chem.*, **20**, 4867 (2010).

26）M. Fujiwara, K. Shiokawa, M. Araki, N. Ashitaka, K. Morigaki, T. Kubota, Y. Nakahara, *Cryst. Growth Des.*, **10**, 4030 (2010).

27）E. Yamazaki, N. Kumagai, N. Kotake, Y. Matsushima, H. Unuma, *Mater. Lett.*, **175**, 177 (2016).

28）G. R. Bourret, R. B. Lennox, *J. Am. Chem. Soc.*, **132**, 6657 (2010).

29）W. Wu, C.-L. Cheng, S.-L. Shen, K. Zhang, H. Meng, K. Guo, J.-F. Chen, *Colloid Surf. A*, **334**, 131 (2009).

30）S. Yang, H. Liu, Z. Zhang, *J. Polym. Sci. A*, **46**, 3900 (2008).

31）T. Haeiwa, K. Segawa, K. Konishi, *J. Magnet. Magnet. Mater.*, **310**, e809 (2007).

32）C. Oh, Y.-G. Lee, C. U. Jon, S.-G. Oh, *Colloid Surf. A*, **337**, 208 (2009).

33）T. Okada, N. Watanabe, T. Sakai, T. Haeiwa, S. Mishima, *Chem. Lett.*, **40**, 106 (2011).

34）T. Okada, S. Ozono, M. Okamoto, Y. Takeda, H. M. Minamisawa, T. Haeiwa, T. Sakai, S. Mishima, *Ind. Eng. Chem. Res.*, **53**, 8759 (2014).

35）T. Okada, Y. Takeda, N. Watanabe, T. Haeiwa, T. Sakai, S. Mishima, *J. Mater. Chem. A*, **2**, 5751 (2014).

36）T. Okada, S. Yoshido, H. Miura, T. Yamakami, T. Sakai, S. Mishima, *J. Phys. Chem. C*, **116**, 21864 (2012).

37）T. Okada, A. Suzuki, S. Yoshido, H. M. Minamisawa, *Microporous Mesoporous Mater.*, **215**, 168 (2015).

38）T. Okada, M. Sueyoshi, H. M. Minamisawa, *Langmuir*, **31**, 13842 (2015).

39）T. Okada, K. Shimizu, T. Yamakami, *RSC Adv.*, **6**, 26130 (2016).

40）T. Okada, H. Kobari, T. Haeiwa, *Appl. Clay Sci.*, in press, doi：10.1016/j.clay.2016.06.020.

41）S. Ikeda, S. Ishino, T. Harada, N. Okamoto, T. Sakata, H. Mori, S. Kuwabata, T. Torimoto, M. Matsumura, *Angew. Chem., Int. Ed.*, **45**, 7063 (2006).

42）W. Schmidt, *ChemCatChem*, **1**, 53 (2009).

43）T. Okuhara, *Chem. Rev.*, **102**, 3641 (2002).

44）N. Mizuno, M. Misono, *Chem. Rev.*, **98**, 171 (1998).

45）K. Inumaru, T. Ishihara, Y. Kamiya, T. Okuhara, S. Yamanaka, *Angew. Chem., Int. Ed.*, **46**, 7625 (2007).

46）N. Horita, Y. Kamiya, T. Okuhara, *Chem. Lett.*, **35**, 1346 (2006).

47）T. Okada, S. Mishima, S. Yoshihara, *Chem. Lett.*, **38**, 32 (2009).

48）　K. Kimura, T. Nakato, T. Okuhara, *Appl. Catal. A：General*, **165**, 227（1997）.

49）　T. Okada, K. Miyamoto, T. Sakai, S. Mishima, *ACS Catal.*, **4**, 73（2014）.

50）　酒井俊郎・瀬尾桂太，*色材協会誌*，**87**, 1（2014）.

51）　T. Okada, Y. González-Alfaro, Y., A. Espinosa, N. Watanabe, T. Haeiwa, M. Sonehara, S. Mishima, T. Sato, A. Muñoz-Noval, P. Aranda, M. Garcia-Hernández, E. Ruiz-Hitzky, *J. Appl. Phys.*, **114**, 124304（2013）.

第4章 バブルテンプレート

1 バブルテンプレート法を用いたシリカ中空粒子の調製

土屋好司[*1]，酒井秀樹[*2]

1.1 はじめに

　中空粒子は内部に空隙を有する粒子であり，低密度，高比表面積，物質内包能等の通常の粒子とは異なる種々の性質を持つ。そのため，材料に混入させることにより軽量化や機能の複合化ができるため，軽量材や断熱材[1]，複合材料[2]，色材[3]など幅広い分野で応用されている[4,5]。その中でも，シリカ（SiO_2）中空粒子は特に注目されており，安価・低屈折率・生体適合性に優れるという特徴を有することから，ディスプレイ用の反射防止フィルムや，薬剤を内包することによりドラッグデリバリーシステム（DDS）のキャリヤーへの応用が期待されている[6~8]。

　従来，中空粒子合成法としては，ポリスチレンラテックスなどを用いたハードテンプレート法，エマルションテンプレート法，噴霧熱分解法，静電噴霧法などが報告されている[6]。しかし，これらの調製法の多くは，環境負荷の高い有機溶媒の使用が不可欠であることや，合成に時間を要し，その方法が容易でないことなどの問題点がある。鋳型の周囲に壁膜を形成させ，その後に鋳型を除去し調製するテンプレート法は，無機中空粒子を調製する上で最も効率的な方法とされているが，中空構造を有するためのコアの作成が必要であり，その作成や除去の作業が困難なことが問題点となっている。

　本研究では，界面活性剤により安定化された微小気泡を鋳型とした，シリカ中空粒子の調製についての研究事例を紹介する。直径50 μm以下の微小気泡は，通常の気泡とは異なり，水中での分散時間が長いという特徴がある[9]。このことを利用し，微小気泡の界面でシリカの壁膜を形成させて中空粒子を調製できれば，鋳型の除去が不要で作業が簡便になることから，幅広い分野での応用が期待される。

　これまでに気泡を鋳型としたシリカ中空粒子の調製法として，ゾル－ゲル法により調製したシリカゾルに気体を注入する方法[10]と気泡の表面にシリカ粒子を吸着させる方法[11]が報告されている。しかし，前者はサイズが大きく，後者は表面の緻密さに欠けるという問題点があるため，実用化には及んでいない。そこで，本手法では微小気泡を調製後に，気泡界面にゾル－ゲル法によりシリカの壁膜を直接形成させ，微小かつ緻密なシリカ中空粒子を調製することを目的とした。

＊1　Koji Tsuchiya　東京理科大学　総合研究院　プロジェクト研究員

＊2　Hideki Sakai　東京理科大学　理工学部　工業化学科／総合研究院　界面科学研究部門　教授

また，シリカ中空粒子の調製に及ぼす主な要因と考えられる界面活性剤の種類，エタノール添加濃度，pH，シリカ前駆体濃度，内包ガスの調製条件が，中空粒子の形成に及ぼす影響についても議論する。

1.2 バブルをテンプレートとしたシリカ中空粒子の調製方法[12]

本研究で，微小気泡を安定化させるために用いた界面活性剤は以下の通りである。カチオン界面活性剤として，一鎖型であるセチルトリメチルアンモニウムブロミド（$CH_3(CH_2)_{15}N(CH_3)_3Br$；CTAB），及び二鎖型であるジドデシルジメチルアンモニウムブロミド（$[CH_3(CH_2)_{11}]_2N^+(CH_3)_2Br^-$；DHDAB），ジヘキサデシルジメチルアンモニウムブロミド（$[CH_3(CH_2)_{15}]_2N^+(CH_3)_2Br^-$；DHDAB）を，アニオン界面活性剤として，ドデシル硫酸ナトリウム（$[CH_3(CH_2)_{11}OSO_3]Na$；SDS）を，ノニオン界面活性剤として，オクタエチレングリコールモノドデシルエーテル（$CH_3(CH_2)_{11}(OCH_2CH_2)_8OH$；$C_{12}E_8$），及びオクタエチレングリコールドデシルエーテル（$CH_3(CH_2)_{15}(OCH_2CH_2)_8OH$；$C_{16}E_8$）を使用した。また，内包ガスとして，水難溶性・高密度の六フッ化硫黄（SF_6，純度99.999％以上）及び窒素（N_2，純度99.99％以上）を使用した。シリカ前駆体には，テトラエチルオルトシリケート（$Si(OC_2H_5)_4$；TEOS）を使用し，pH調整剤として水酸化ナトリウム（NaOH）を使用した。溶媒として，超純水（$> 18.2\,M\Omega\,cm^{-1}$），及びエタノール（C_2H_5OH；EtOH，和光純薬工業㈱製）を使用した。

界面活性剤水溶液20 gに対して，内包ガスで20分間バブリングを行った。その後，ガスを送りながら超音波分散機ホモジナイザーのチップ先端を気液界面付近に固定し，1分間超音波照射をすることで微小気泡を調製した。その後，大きな気泡を浮上させるために10分間静置させた。この溶液に，水酸化ナトリウム水溶液を加えてpH調整後，TEOSを加えて30分間撹拌し，25℃で24時間静置させることにより，シリカ中空粒子を調製した。得られたシリカ粒子の構造は，透過型電子顕微鏡（TEM）を用いて評価した。

本稿では，シリカ中空粒子の形成に及ぼす要因として，界面活性剤の種類，エタノール添加濃度，pH，シリカ前駆体量，内包ガスなどについて検討を行うとともに，シリカ中空粒子を形成させる最適条件について議論する。

1.3 バブルをテンプレートとしたシリカ中空粒子調製条件の最適化

1.3.1 界面活性剤の分子構造の影響

様々な界面活性剤を用いて，気泡を鋳型としたシリカ中空粒子の調製に最適な界面活性剤の検討を行った。界面活性剤濃度はすべて2 mMとなるよう統一し，pH＝12.0，TEOS量0.20 g（最終溶液に対して24 mM），条件でシリカ粒子を調製した。内包ガスには，比重の大きな不活性ガスとしてSF_6を用いた。調製したシリカ粒子のTEM観察結果を図1に示す。

図1から分かるように，カチオン性のCTAB，DDAB，DHDAB，非イオン性の$C_{16}E_8$において，部分的ではあるが中空粒子を確認することができた。その中でも，DDABを用いた場合に

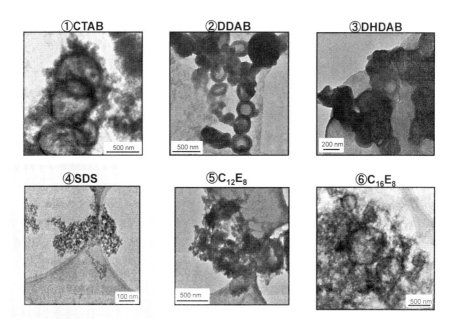

図1　種々の界面活性剤を用いて調製したバブルを鋳型として作成した
シリカ粒子の TEM 観察結果

最も数多くの中空粒子が観察された．また，SDS，$C_{12}E_8$ においては，中空粒子は確認されず，シリカ凝集体のみが観察された．以上の結果より，アニオン，ノニオン界面活性剤に比べ，カチオン界面活性剤を用いた時に中空粒子を形成しやすいことが分かったが，この原因として，シリカ前駆体の加水分解により生成する中間体が負の電荷を有するため，カチオン界面活性剤との静電相互作用により気泡界面で選択的に吸着するためと考えられる．また，カチオン界面活性剤の中でも特に DDAB を用いた時最も数多くの中空粒子を得ることができた．これは，界面活性剤の吸脱着速度とゲル－液晶相転移温度に起因すると考えられる．DDAB は吸脱着速度が遅いため，NaOH や TEOS を加えた際，界面活性剤が気泡界面から脱離しにくい．また，DDAB は 25℃で液晶の相状態をとるため，流動性が高く曲率エネルギー（界面膜に曲率を付与するのに必要なエネルギー）が小さい．このような理由から，気泡の安定性が比較的高かったものと考えられる．なお，DDAB 水溶液 2 mM を用いて調製した微小気泡の気泡径は，動的光散乱測定より気泡調製 10 分後の時点で直径 100～200 nm であった．

　以上より，界面活性剤に DDAB を用いたとき最も効率良くシリカ中空粒子を調製できることが分かった．

1.3.2　エタノール添加の影響

　前項では，界面活性剤に DDAB を用いた時，部分的に中空構造を確認することができたが，得られる中空粒子量は少なかった．そこで，気泡発生量を増加させるために界面活性剤水溶液に

少量のエタノールを添加した。エタノールを0(無添加)，1，3，5，10 wt％と変化させ界面活性剤水溶液を調製し，シリカ中空粒子の調製を試みた。界面活性剤にはDDABを用い（2 mM），pH＝12.0，TEOS量0.20 g（24 mM），内包ガスSF₆の条件で行った。

　その結果，エタノール添加濃度1，3 wt％において，無添加系よりも高収率でシリカ中空粒子が確認することができた（図2）。これは，エタノールの添加により，キャビテーション効果の促進や溶媒の表面張力値の低下により気泡発生量が増加したためと考えられる。しかし，5 wt％以上では添加濃度の増加に伴い，中空粒子の数が減少した。過剰量添加すると，表面張力値が低下しすぎるために気泡の安定性が低下し，崩壊しやすくなったものと考えられる。以上より，エタノール添加濃度1〜3 wt％の時に，効率よくシリカ中空粒子を調製できることが分かった。

1.3.3　pHの影響

　次にpHによる影響を検討するため，pHを10.5，11.0，11.5，12.0，12.5と変化させ，調製を試みた。エタノール添加濃度1 wt％，TEOS量0.20 g（24 mM），内包ガスSF₆の条件で行った。

　その結果，pH 11.0，11.5，12.0の時中空粒子を形成できることが分かった（図3）。pH 10.5ではシリカの凝集体しか確認することができなかった。これは，pHが低すぎるために加水分解反応が遅くシリカの壁膜が形成する前に気泡が崩壊したためと考えられる。一方，pHが高いpH 12.5では，針状粒子が形成された。pHが高いため加水分解反応が一気に進み，粗大なシリ

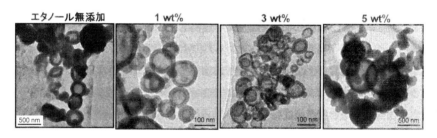

図2　エタノール添加濃度を変化させて調製したシリカ中空粒子のTEM観察結果
（界面活性剤：DDAB，pH＝12）

図3　種々のpHで調製したシリカ中空粒子のTEM観察結果
（界面活性剤：DDAB，EtOH濃度：1 wt％）

カ粒子が形成されたためと考えられる。よって，pH 11.0～12.0 の中で最も高収率で中空粒子を調製することができた pH 11.5 を最適 pH とした。

1.3.4　シリカ前駆体濃度による影響

　続いて，TEOS 量がシリカ中空粒子に及ぼす影響を検討した。TEOS 量を 0.050, 0.10, 0.20, 0.30, 0.40 g（各 3.0, 6.0, 12, 24, 36 mM）と変化させ，調製を行った。他の条件は，エタノール添加濃度 1 wt%，pH＝11.5，内包ガス SF₆ に固定した。

　その結果，0.20 g（24 mM）の時，最も収率良くシリカ中空粒子を得ることができた（図4）。0.050 g（6.0 mM）では粒子の形成は確認できず，0.10 g（12 mM）では中空粒子がわずかに確認できたもののその表面は粗かった。TEOS 量の不足のため形成できる中空粒子の数も少なく，また気泡界面に TEOS が吸着しても充分強固なシリカ壁膜を形成しにくいためと考えられる。一方，0.20 g 以上では，TEOS 量の増加に伴い中空粒子の膜厚が厚くなり，バルク中の凝集物や粒子間の凝集が増加してしまうことが分かった。

1.3.5　内包ガスによる影響

　続いて，内包ガスによる影響について検討を行った。これまでの検討では，我々のこれまでの検討結果[3]をもとに，オストワルド熟成を抑制し気泡を安定化させるために，内包ガスとして比重が大きく難溶性である SF₆ を用いていたが，本項では，SF₆ と比較するため空気や窒素（N₂）での調製を試みた。内包ガスとしてそれぞれ空気，N₂，SF₆ を用いて，エタノール添加濃度 1 wt%，pH 11.5，TEOS 量 0.20 g の条件下で中空粒子の調製を試みた。

　その結果，空気及び N₂ を用いた場合では SF₆ を用いた場合と比べ，中空粒子の粒子径が小さくなった。また，生成粒子数は減少し，凝集が多く見られた（図5）。気泡の大きさに分布があると，時間の経過に伴い，小さい気泡を構成していたガスが水中に溶解し，拡散して大きな気泡に取り込まれ，小さな気泡はより小さくなり，一方大きい気泡はさらに大きくなるという現象（オストワルド熟成）が観測される。空気と N₂ を用いた場合では気泡中のガスが水中を拡散し，壁膜形成中に気泡のサイズ変化が生じやすい。そのため，生成した中空粒子の粒子径は小さくな

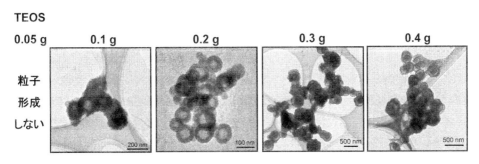

TEOS

| 0.05 g | 0.1 g | 0.2 g | 0.3 g | 0.4 g |

粒子形成しない

図4　シリカ前駆体量を変化させて調製したシリカ中空粒子の TEM 観察結果
（界面活性剤：DDAB, EtOH 濃度：1 wt%, pH＝11.5）

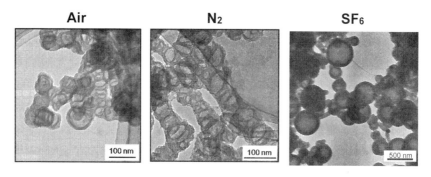

図5　内包ガスを変化させて調製したシリカ中空粒子の TEM 観察結果

図6　内包ガスによるシリカ中空粒子の形成機構の概念図

るが，崩壊する中空粒子も多いため生成数は減少したと考えられる（図6）。一方，SF_6 の場合，水への溶解が無視できるほど小さいため，オストワルド熟成による気泡サイズの成長が抑制され，安定性が向上するために，結果として数多くのシリカ中空粒子を調製できると考えられる。

1.3.6　シリカ中空粒子の焼成

　これまでに検討した最適条件で調製したシリカ中空粒子を，界面活性剤を除去するため焼成を試みた。焼成は，500℃で6時間行った。焼成後のシリカ中空粒子の TEM 像を図7に示す。図7より，焼成後も中空構造を維持できることが分かった。焼成後もほぼ同一の粒子径であり，平均粒子径 110 nm，膜厚 10～20 nm であった。

　以上のことから，微小気泡を鋳型として，微小かつ緻密なシリカ中空粒子を調製する手法を確立することができた。

1.4　結論

　カチオン界面活性剤，特に二鎖型構造を有する DDAB を用いて微小気泡を形成させ，これを鋳型にしてシリカ前駆体である TEOS の加水分解・重縮合反応を行うことにより，シリカ中空粒子を調製することができた。また，気泡の安定化剤として用いるエタノールの添加濃度，pH，TEOS 量，内包ガスの条件を変化させて最適条件の検討を行ったところ，エタノール添加濃度 1 wt%，pH 11.5，TEOS 量 0.20 g（24 mM），内包ガス SF_6 の時最も効率よく中空粒子が得られ

図7　500℃で焼成後のシリカ中空粒子のTEM像

ることが分かった。この最適条件で得られたシリカ中空粒子は，平均粒子径110 nm，膜厚10〜
20 nmであり，焼成（500℃，6 h）後も中空構造を保持することができた。ただし，今回得られ
たシリカ中空粒子は，最適条件で調製した場合でも，粒子間の凝集が顕著であるという問題があ
る。一方，我々は最近，界面活性剤が形成するベシクルを鋳型としたシリカ中空粒子の調製につ
いても検討を行っており，反応時のpHを，塩基性→中性へと段階的に変化させることにより，
一年以上の分散安定性を示すシリカ中空粒子の調製に成功している[13]。バブルをテンプレートと
した調製法においても，同様のpH制御により，より分散安定性に優れるシリカ中空粒子が得ら
れることが期待される。

文　　献

1)　T. Tani, *R&D Review of Toyota CRDl*, **34**, 3 (1999).
2)　戸田裕之，加賀城央，細井一良，小林俊郎，伊藤洋輔，東原隆，合田孝志，材料，**50**，
474-481 (2001).
3)　J. Park, *J. Colloid Interface Sci.*, **266**, 107-114 (2003).
4)　D. Walsh, B. Lebeau, S. Mann, *Advanced Materials*, **11**, 324-328 (1999).
5)　F. Caruso, R. A Caruso, H. Mohwald, *Science*, **282**, 1111-1114 (1998).
6)　小石眞純，"マイクロ／ナノ系カプセル・微粒子の開発と応用"，シーエムシー出版 (2003).
7)　C. Oh, J. H. Park, S. Shin, S. G. Oh, *Studies in Surface Science and Catalysis*, **146**, 189-192
(2003).
8)　J. H. Park, S. Y. Bae, S. G. Oh, *Chemistry Letters*, **32**, 598-599 (2003).
9)　石井淑夫ら編，"泡のエンジニアリング"，テクノシステム (2005).
10)　Y. S. Han, Y. Tarutani, M. Fuji, M. Takahashi, *Advanced Materials Research*, **11-12**, 673-

676 (2006).

11) D. Grigoriev, R. Miller, D. Shchukin, H. Möhwald, *Small*, **3**, 665-671 (2007).

12) 酒井秀樹, 鈴木菜津美, 遠藤健司, 酒井健一, 土屋好司, 阿部正彦, 材料技術, **30**, 147-153 (2012).

13) 酒井秀樹, 阿部正彦, 遠藤健司, 大木貴仁, 相馬央登, 小倉　卓, 中空シリカ粒子の製造方法, 特願　2014-166604 (2014).

2 超音波マイクロバブルを用いた中空微粒子調製法

幕田寿典*

2.1 はじめに

中空微粒子の製法[1]としては，膨張材を用いて加熱・減圧などで空洞を形成させる方法[2]や，固体や液体を芯物質としたマイクロカプセルを生成した後，芯物質を溶解・蒸発・置換・加熱分解などによって除去するもの[3]などが挙げられるが，いずれにしても液体または固体の芯物質を用いるため，微粒子を中空にするためには芯物質を除去する工程が必要となる。図1に示すように気泡を芯物質として直接中空微粒子を作ることができれば，芯物質を取り除く工程を省略し全体の工程を大幅に簡略化できる上，気体透過性の低い膜を持つ中空微粒子生成が可能となる。ただ，芯物質にミリオーダ以上の気泡を使用して直接中空微粒子を作製した場合，浮力による液体表面から気泡の消失や局所的な変形が生じやすく，表面に膜が形成するまで反応界面を維持することが難しい。一方，マイクロオーダの気泡は浮力が小さく，表面張力によって局所的な界面変形が起こりにくいため，ミリオーダ以上の気泡に比べて反応場を安定に保つことが可能である。近年では，このマイクロバブルの特徴を生かして，メラミンホルムアルデヒド樹脂[4]やポリ乳酸[5]を膜物質としてマイクロバブルから直接中空微粒子を作成した事例が報告されており，芯物質を取り除く工程を省略して，滑らかな表面の中空微粒子を生成することが可能となってきている。

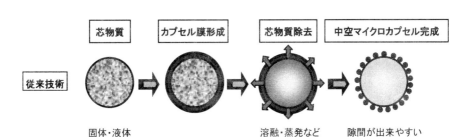

図1 中空微粒子製法の概要（従来法との比較）

＊ Toshinori Makuta 山形大学 大学院理工学研究科 准教授

ただし，このマイクロバブルに直接膜を形成させて中空微粒子を作る製法（バブルテンプレート法）は，気泡の溶解による反応場の消失のために $10\,\mu\mathrm{m}$ 以下の中空微粒子を多量に調製することが困難であった。

　一方，筆者らは強力な超音波によって気液界面を振動させることによって瞬間的にマイクロバブルを発生する技術の研究を進めている[6]。そこで，このマイクロバブル発生技術の特性と水と触れることにより重合反応が高速で起こる瞬間固化性樹脂のシアノアクリレートに着目し，シアノアクリレート蒸気が重合する前にマイクロバブルとして水中へ供給して $10\,\mu\mathrm{m}$ 以下のシアノアクリレート中空微粒子を容易に生成することに成功した[7~9]。本稿では，このシアノアクリレート中空微粒子の製法の概要について，シアノアクリレートのマイクロバブル化を可能とした中空超音波ホーンによるマイクロバブル発生にも触れつつ紹介したい。また，水相の pH 環境を酸性とした際に生じる直径 $1\,\mu\mathrm{m}$ 以下の中空微粒子についても紹介する。

2.2　実験装置および手法

2.2.1　材料

　マイクロバブルを覆う中空微粒子の膜材料としては，シアノアクリレートモノマーを95％以上含むアロンアルファ201（東亜合成）を用いた。シアノアクリレートモノマーは瞬間接着剤の主成分で，周囲の水分を触媒としてアニオン重合を開始し，数秒オーダで急速にポリマー膜を形成する。また，シアノアクリレートモノマーは塩基性環境下では重合が促進され，酸性環境下では重合が抑制されることが知られている[10]。

2.2.2　実験装置

　図2に実験装置の概略図を示す。実験装置は，反応槽，マイクロバブル発生装置，シアノアクリレート蒸気マイクロバブル発生・供給系で構成される。反応槽としては，クールスターラ

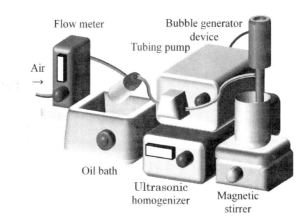

図2　中空微粒子発生装置の構成図

（CSB-900N，アズワン）によって温度調整された 300 mL のガラスビーカーを用いた。マイクロバブル発生装置としては，超音波ホモジナイザー（UH-50, SMT）に内部をガスが通過可能な中空超音波ホーン（出口内径－外径：ϕ2.5 mm-ϕ6 mm）を取り付けたマイクロバブル発生装置を用いた。シアノアクリレート蒸気は，液体のシアノアクリレートをガラス製バイアルに入れてオイルバス（EO-200, アズワン）で加熱することで発生させ，チュービングポンプ（7554-80, Masterflex）でマイクロバブル発生装置へ供給した。

2.2.3 調製手順

中空微粒子は次の手順①〜③で調製する。

① シアノアクリレートの蒸気化

シアノアクリレートを 2 g 入れたガラス製バイアル（34 mL）を 180℃に設定したオイルバスで加熱し，シアノアクリレート蒸気を発生させる。発生したシアノアクリレート蒸気は，チュービングポンプにより流量 750 mL/min でマイクロバブル発生装置に供給する。

② シアノアクリレートマイクロバブルの発生

クールスターラで 12℃に保った 0.02 wt％ドデシル硫酸ナトリウム水溶液 200 mL に中空超音波ホーンを浸して超音波を印加し，バイアル中のシアノアクリレートが全て気化するまで 10 分間，シアノアクリレート蒸気を含むマイクロバブルを発生させる。

③ カプセル化

マイクロバブルの界面上では，マイクロバブルに含まれるシアノアクリレートモノマーが速やかに凝集と重合反応を起こして膜を形成し，中空微粒子を生成する。それにより，シアノアクリレート蒸気を含むマイクロバブルを吹き込んだ水溶液は時間と共に白濁する。

2.3 実験結果と考察

2.3.1 中空超音波ホーンからのマイクロバブル生成

前述したように，シアノアクリレート中空微粒子の調製にはシアノアクリレート蒸気をマイクロバブル化する必要がある。しかしながら，水と触れると急速に固化が進むシアノアクリレートをマイクロバブル化するのは容易ではない。マイクロバブルの発生手段としては細孔からの生成や旋回・噴流ノズルからのマイクロバブル発生などが一般的であるが[11]，例えば，前者をシアノアクリレート蒸気のマイクロバブル化に適用すると詰まりが生じやすく，後者ではノズルでのマイクロバブル化前にシアノアクリレート蒸気が固化してしまうという問題が生じる。一方，超音波振動を伝達・増幅する構造体である段付きの形状の超音波ホーンの内部に気体流路を設け，最も振動の強いホーン先端面から気体を放出しながら超音波を印加すると 10 μm 以下の微細な気泡が放出することが報告されている[6]。図3に今回用いた中空超音波ホーンによる水中でのマイクロバブル発生状態を高速度カメラで撮影した画像を示す。図3に示すように，超音波を印加する前に中空超音波ホーンの先端に付着していた 5 mm 前後の気泡が超音波の印加と同時に下方へ

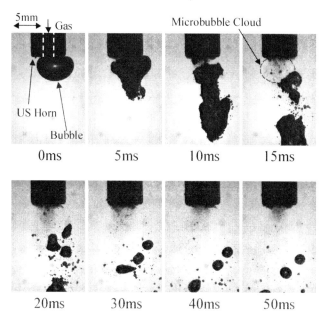

図3　中空超音波ホーンからのマイクロバブル発生[8]

放出された後，ホーン直下には多数のマイクロバブルからなるマイクロバブル群が安定的に形成される。このマイクロバブル群の生成の安定化には図3に示すように約 15 ms 要しているが，この時間はシアノアクリレートの膜形成に要する数秒オーダの時間に比べると極めて小さい。したがって，今回の超音波振動を用いるマイクロバブル発生手法を用いれば，シアノアクリレート蒸気が固化して目詰まりすることなくマイクロバブル化できるため，安定的なマイクロバブルの発生が可能である。

2.3.2　中空微粒子調整結果

　シアノアクリレート蒸気を含むマイクロバブルを吹き込んだ水は時間と共に白濁する。この白濁した水相について，電子顕微鏡で撮影した画像を図4に示す。図4(a)は粒子の拡大画像，図4(b)は真空環境下で破損した中空微粒子の画像である。また，白濁した水相の粒度分布をレーザ回折式粒度分布測定装置（Mastersizer 2000, Marvern）で測定した結果を図5に示す。図4(a)および図5より，観察された粒子のほとんどが表面の凹凸が少ない真球の形状で，ほとんどが 3 μm 以下であり，また図4(b)より真空環境下において破損した粒子の内部が空洞であったことから，液体中に分散した粒子が中空構造を有する中空微粒子であることが明らかとなった。

　シアノアクリレートは生体組織の接着など医療にも用いられる毒性の低い材料であり，今回作成したシアノアクリレート中空微粒子の大半が毛細血管よりも小さい大きさであるため，超音波造影剤としての活用も期待できる。そこで，ゼラチンで作製した流路を用いて，シアノアクリレート中空微粒子を含む水を流した際の造影効果および超音波照射下での挙動について超音波診

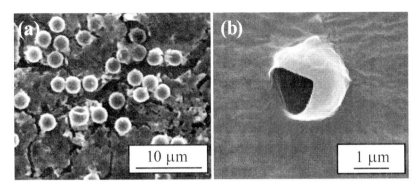

図4　中空微粒子の電子顕微鏡画像
(a)中空微粒子，(b)破損した中空微粒子[12]

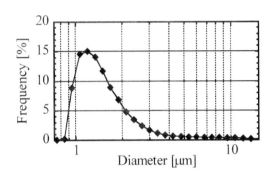

図5　中空微粒子の粒径分布[12]

断装置（EUB-6500，日立メディカル）と高速度カメラを用いて検証した[12]。超音波診断装置では気泡が存在する領域を造影しやすいハーモニックモードを用いて音響画像を撮影した。

　その結果，水を流した条件では明瞭に識別できなかった流路が，シアノアクリレート中空微粒子を流した場合には図6(a)に示すように白く鮮明に映し出されることを確認した。その一方でシアノアクリレート中空微粒子を循環させている場合にはクリアな造影がされるものの，循環を止めて1秒後には図6(b)に示すように，シグナルの大部分が消失した。この理由としては，中空微粒子が超音波照射によって破損・消失した可能性と凝集による周波数変調が考えられる。

　以上の結果より，今回紹介したマイクロバブルと瞬間固化性樹脂から作る中空微粒子は，①毛細血管を通過できるサイズ，②微粒子膜の生体適合性，③超音波造影効果という特徴を備えているだけでなく，超音波による位置制御や薬剤輸送の可能性を備えており，超音波造影剤やドラッグデリバリーキャリアなどの医療応用も期待できる。

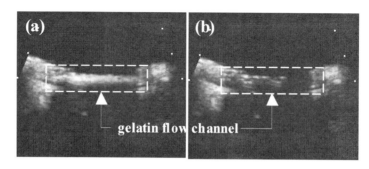

図 6　中空微粒子を流した流路の超音波造影画像[12]
(a)中空微粒子分散液を循環させた条件，(b)循環停止後 1 秒後

2.3.3　酸性環境下における中空微粒子のサブミクロン化

　前節にて紹介した中空微粒子のほとんどは数 μm オーダの大きさであるが，さらに小さい直径 1 μm 以下の微粒子は拡張した癌細胞中の血管壁を通過可能であり，癌治療に向けたドラッグデリバリーキャリアとしての応用が期待されている[13]。一方，シアノアクリレートは液相の pH 環境によって重合速度が変化する。そこで，シアノアクリレート蒸気を吹き込む液相に酒石酸を添加して酸性環境下にて実験を行った結果，更なる微細化が可能となった。実験は，シアノアクリレートを吹き込む液相を，0.02 wt％ドデシル硫酸ナトリウム水溶液から 0.02 wt％デオキシコール酸，0.05 wt％酒石酸水溶液に置き換えて pH 約 3 とした以外は前項に記載の装置・手順と同じである。

　図 7 に酒石酸添加条件にて生成したシアノアクリレート中空微粒子の SEM 画像を示す。図 7 (a)より，酸性環境下では，ミクロンオーダの粒子はほとんど生成されず，粒径 1 μm 以下の表面が滑らかなサブミクロンオーダの粒子が大量に生成することが確認できる。さらに，図 7 (b)のような破損したサブミクロンオーダの粒子が観察されたことから，酸性環境下で生成した微粒子も中空構造を有することが確認できる。この結果から，シアノアクリレート中空微粒子の生成が行われる反応場に酸性物質を添加することで，サブミクロンオーダの中空微粒子が多数生成されることが明らかとなった。この粒子径の縮小は，分散媒の pH および表面張力による自己加圧効果[14]が影響していると考えられる。酸性環境下においてシアノアクリレートの重合速度が低下し，マイクロバブルの自己加圧効果によって周囲分散媒に気泡が溶解し，気泡径が収縮することで膜形成完了時の粒子径が小径化したと考えられる。

　この結果は液相環境によって中空粒子径のコントロールできる可能性を示唆しており，現在も更なる微細化や能動的な系の制御手法の確立を進めているところである。最終的には，患部・用途などに応じてカスタマイズが可能なドラッグデリバリーキャリアの簡易調製手法としての応用を見込んでいる。

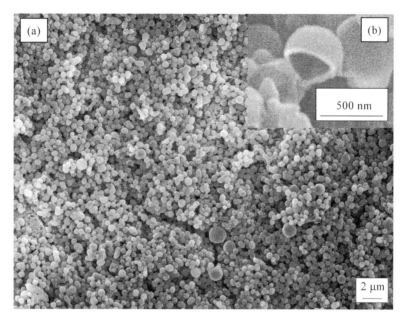

図 7　酸性環境下で調製した中空微粒子
(a)中空微粒子の SEM 画像，(b)破損した中空微粒子の SEM 画像

2. 4　おわりに

　中空超音波ホーンから瞬間的にマイクロバブルを発生させる技術を活用して，従来法では困難とされていた瞬間接着剤（シアノアクリレート）の蒸気をマイクロバブル化することが可能となった。その結果，シアノアクリレート蒸気を水中にマイクロバブルとして供給するという単純な工程で，シアノアクリレート中空微粒子を容易に生成することに成功した。本手法で生成するシアノアクリレート中空微粒子のほとんどは直径 10 μm 以下であり，生体適合性も有していることから，工業材料だけでなく医療材料としても期待できる新材料である。さらに表面吸着による薬剤輸送性，収量の改善，更なる中空微粒子の微細化なども確認できており，今後も高機能断熱材や新しい超音波造影剤などへ向けた実用化研究を進めていく予定である。

文　　　献

1)　J. Bertling *et al.*, *Chem. Eng. Technol.*, **27**, 829 (2004)
2)　木田末男，高分子，**40**, 248 (1991)
3)　伊地知和也ほか，化学工学論文集，**23**, 125 (1997)
4)　H. Daiguji *et al.*, *J. Phys. Chem. B*, **111**, 8879 (2006)
5)　T. Makuta *et al.*, *Mater. Lett.*, **63**, 703 (2009)

6) T. Makuta *et al.*, *Ultrasonics*, **53**, 196 (2013)

7) T. Makuta *et al.*, *Mater. Lett.*, **65**, 3415 (2011)

8) T. Makuta *et al.*, *Proc. of SPIE*, **8344**, 83441O (2012)

9) T. Makuta *et al.*, *Mater. Lett.*, **131**, 310 (2014)

10) 西英次郎, 有機合成化学協会誌, **23**, 531 (1965)

11) 柘植秀樹ほか, マイクロバブル・ナノバブルの最新技術, シーエムシー出版, 15 (2007)

12) M. Sakaguchi *et al.*, *J. Jpn. Soc. Exp. Mech.*, **13**, s41 (2013)

13) Y. Matsumura, *et al.*, *Cancer Research*, **46**, 6387 (1986)

14) 高橋正好ほか, 微細気泡の最新技術, NTS 出版, 217 (2006)

3 バブルテンプレート法による中空粒子の製造

冨岡達也[*1], 藤　正督[*2]

3.1　背景

　科学技術の進歩に伴い，近年ますます材料の機能向上に対する要求が高まってきている。中空粒子はこのようなニーズに応えることができる材料として注目されている。

　無機中空粒子は内部に空孔を有し，シェルの多くは多孔質であるため他材質を内包させることができ，さらにそれを徐放させることが可能であるなど従来の中実粒子とは異なった特性を持たせることができる。さらに，低密度であり高比表面積や表面透過性などの特質も有り，軽量材，断熱材，色材，食品医薬品，紙，繊維など多方面で用途開発が進んでいる[1]。

　このような背景から，その製造方法も酸化物を中心にさまざまな合成法が研究されている。代表的な例としては各種のテンプレート法，遠心法やスプレードライ法等がある[2]。いずれもコスト及び品質の面で未だ多くの課題を残してはいるものの順次改善されてきており本格的な普及が進んできている。

　このような中にあって，溶液中にガスを吹き込み，もしくは反応によりマイクロバブルを発生させ，これをテンプレートとしてその表面にナノサイズの微粒子層を形成させて直接中空粒子を製造する，いわゆるバブルテンプレート法が注目されている。

　バブルテンプレート法による中空粒子合成は，従来の粒子等をテンプレートとする合成法とは異なり，後工程でコアとなる材料を除去する必要がなく，このため廃棄物処理が不要であり，価格，環境に与える負荷軽減の両面で大きなメリットがある。

　バブルテンプレート法による中空粒子の製造法については，有機[3]，無機粒子いずれについてもいくつかの報告がなされているが，いずれもバブルの表面にナノサイズの粒子層を形成させることに変わりはない。

　しかし，バブルテンプレート法による中空粒子の生成は，粒子の種類により溶液成分，使用ガスの種類，バブルサイズ，pH，反応温度等が密接に関与するためコントロールが難しい。

　魅力的なプロセスではあるが，その実用化までには解決すべき問題を多く含んでいるのが現状である。

　以下に，バブルテンプレート法による中空粒子の製造法について，最も実績に富むと思われる炭酸カルシウム中空粒子を代表例として紹介する。

3.2　炭酸カルシウム中空粒子の製造

3.2.1　製造プロセス

本方法は，Ca塩水溶液に炭酸ガスのマイクロバブルを投入し，その液－ガス界面反応により，

＊1　Tatsuya Tomioka　名古屋工業大学　先進セラミックス研究センター　プロジェクト研究員

＊2　Masayoshi Fuji　名古屋工業大学　先進セラミックス研究センター　教授

周囲に粒子を析出，凝集させて中空粒子を合成させる方法である。

　図1は，バブルテンプレート法による炭酸カルシウム中空粒子の製造プロセスの概要である。

　最大の特徴は，上記プロセスから見られるように，従来のテンプレート法のような後工程でコア粒子を除去する必要がなく工程を短縮できるうえ，その除去施設や廃棄物処理が不要であるという大きな強みをもつことにある。

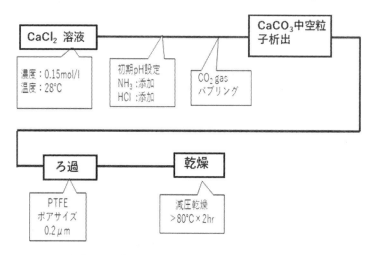

図1　バブルテンプレート法による炭酸カルシウムの製造プロセス

　Ca塩水溶液中に炭酸ガスのマイクロバブルを吹き込むと，炭酸ガスが溶液へ溶け込むことによりpH変化がおきる。さらに吹き込みを継続すると，pHの低下が進むとともに液－ガス界面における化学反応により炭酸カルシウムの微粒子が晶出し，さらに継続することにより凝集がおきる。中空粒子は，この晶出－凝集過程をコントロールすることにより形成される。

　図2は，上記プロセスで生成される中空粒子形成の概念図である。

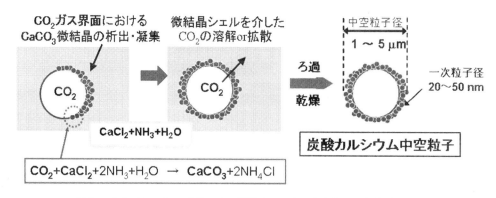

図2　バブルテンプレート法による炭酸カルシウム中空粒子の合成プロセス

3.2.2　炭酸カルシウム中空粒子の製造装置

　製造プロセスの系統図および装置の写真を図 3，図 4 に示す。

　反応容器に Ca 塩（ここでは塩化カルシウム）水溶液を投入し，初期 pH 値をアンモニア水により目標値 ±0.1 程度の範囲で収まるように調整した後，容器の下部より炭酸ガスのマイクロバブルを吹き込む。途中の pH 変化を pH 検出計により検出しながらアンモニア水をマイクロポンプにより補給しつつ変化速度をコントロールし，目標値に達した時点でバブリングを終了。生成した中空粒子をろ過により回収する。

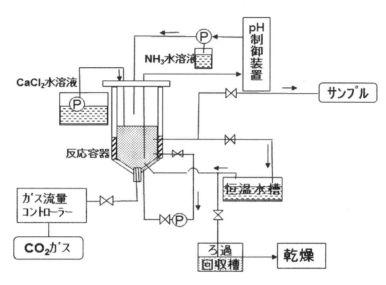

図 3　中空粒子製造装置の系統図

図 4　炭酸カルシウム中空粒子製造装置

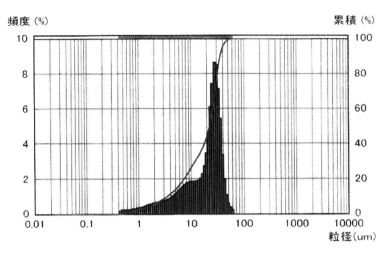

図4に示す装置では，自作のノズルを用いて炭酸ガス吹込み圧 0.6〜0.8 MPa でマイクロバブルを発生させた。このときのバブルサイズの分布は図5の通りである。

図5　発生させたマイクロバブルサイズの分布

最近では，マイクロバブル発生用ノズルも市販品が多く出されてきているので，その中から選定することも可能と思われる。

3.3　炭酸ガスバブリング時の炭酸カルシウムの析出挙動

3.3.1　炭酸カルシウムの核生成と核成長

3. 2. 1 にも述べたように炭酸カルシウム中空粒子は，Ca 塩水溶液中に炭酸ガスのマイクロバブルを連続的に吹き込む時の pH 変化にともなって，液−ガス界面におきる化学反応の進行過程において形成される。

筆者らの経験はもとより，これまでの報告から，炭酸ガスバブリング法で生成する中空粒子は，炭酸カルシウム多形晶のうち準安定層であるバテライト相のみで得られている[4]。

従って，Ca 塩水溶液中への炭酸ガスの吹き込み時の pH 変化過程における炭酸カルシウムの析出と凝集，その後の変態挙動を知ることは，中空粒子の生成にとっては極めて重要である。これについては次節で触れることにする。

3.3.2　炭酸ガスバブリング反応時における炭酸カルシウムの析出と変態

カルシウム塩水溶液中（以下塩化カルシウム水溶液）に炭酸ガスを吹き込む時，水溶液の pH 変化は図6のように変化する。

炭酸カルシウムの結晶構造としては，安定相であるカルサイト，準安定相であるアラゴナイト，バテライトおよび不安定相であるアモルファス相の存在が知られている。カルシウム塩水溶液中に炭酸ガスを吹き込むとき水溶液の pH 変化に伴い，晶出した結晶は変態を引き起こすことにな

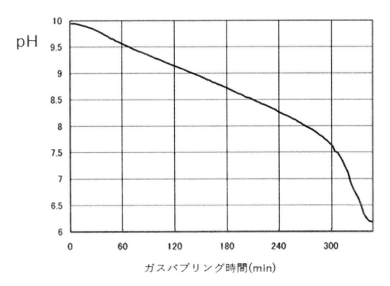

図 6　CaCl₂ 水溶液の炭酸ガスバブリングによる pH 変化
（CaCl₂：0.1 mol/l, 初期 pH：9.8, CO₂：2.5 l/l（solution））

る。図 7 は，その挙動の例である[5]。

　この時，炭酸ガスの溶け込みが進むとともに溶液中では以下のような反応が進行する。

$$CO_2(g) \quad \rightleftarrows \quad CO_2(aq) \tag{1}$$

$$CO_2(aq) + H_2O \quad \rightleftarrows \quad H_2CO_3 \tag{2}$$

$$H_2CO_3 \quad \overset{K_1}{\rightleftarrows} \quad H^+ + HCO_3^- \tag{3}$$

$$HCO^{3-} \quad \overset{K_2}{\rightleftarrows} \quad H^+ + CO_3^{2-} \tag{4}$$

$$Ca^{2+} + HCO_3^- \quad \overset{K_3}{\rightleftarrows} \quad Ca(HCO_3)^- \tag{5}$$

$$Ca_2^+ + CO_3^{2-} \quad \overset{K_{sp}}{\rightleftarrows} \quad CaCO_3 \tag{6}$$

　ここに K_0 は炭酸ガスの溶解度，K_1, K_2 は炭酸のかい離定数，K_{sp} は炭酸カルシウムの溶解度積である。

　また，pH 変化に伴って，水溶液中における H_2CO_3, HCO_3^-, CO_3^{2-} の存在比は，図 8 の形になることが知られている[6]。

　炭酸ガスの吹き込みの進行により，過剰になった溶質イオンは集合してクラスターが生成する。このクラスターは，熱力学的に不安定であり離合・集散を繰り返しながら成長し臨界径に達

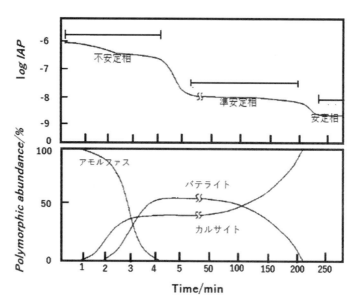

図7 炭酸カルシウムのpH変化による析出相の変化

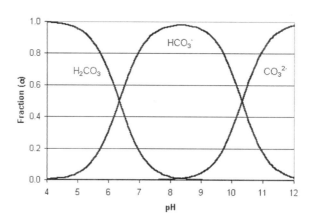

図8 水溶液中における炭酸イオン形態のpHによる存在率変化

した時点で溶液中から結晶が析出する。

近年の研究では，炭酸ガス吹き込み後クラスターが形成され，ついでliquid likeのearly stageアモルファスが形成され，さらにこれが凝集してアモルファスの一次粒子が形成されることが知られている[7]。

さらに炭酸ガスバブリングを継続することにより，アモルファス一次粒子は，結晶変態を起こしてゆくが，アモルファスから結晶相への変態に際しては，新たな安定相の出現とともにアモルファスは急速に溶解し消滅する。この現象は，溶解再析出プロセスとして良く知られており[8]，この際の新たな相としては，図7からもバテライト相であることがわかる。この変態に至までの

挙動をコントロールするため，反応進行速度をある範囲内で納めることによって中空粒子を形成させることができる。

3.3.3　中空粒子形成に必要な炭酸ガスバブリング条件

バブルテンプレート法による中空粒子製造を考えた場合，安定製造という観点からは，水溶液の濃度，pH，温度を一定とし，ガスバブリング条件を変えて適正な条件を見いだせないかということが考えられる。

しかし，これまでに述べてきたことから，このような条件下では中空粒子を生成させることができないことは，容易に予想できる。

実際，筆者らは，水溶液濃度 0.05～0.5 mol/l，pH 値を 8.5～10.0 までの間で数段階にわけ，pH 変動幅を ±0.1 幅で保持しながらバブリング時の温度 15℃～30℃で，ガス流量を 0.5 l/min/l～5 l/min/l の間で変えてバブリングテストを行ってみたが中空粒子を得ることは全くできなかった。

⑴　炭酸ガスバブリング時の pH 変化条件下における中空粒子の合成

炭酸ガスバブリング法による中空粒子生成条件を把握するため，pH の変動条件下において以下のような試験を行った。

塩化カルシウム水溶液濃度を 0.05～0.25 mol/l，水溶液温度を 28℃とし，反応溶液の初期 pH をアンモニア水を用いて 8.5～10.5 の範囲で調整した後，炭酸ガス 2.5 l/min/l の流量で吹き込みながら 3～10 min 間粒子合成を行い，得られた粒子をウルトラミクロトーム（ライカ EMU/EMFC6）で切断後 SEM により観察して中空粒子生成の状況を調べた。

代表例を図 9 ⑴～⑷に示す。図 9 ⑶に見られる通り溶液濃度 0.1 mol/l としたとき初期 pH 9.5 で 6 min バブリングすることにより中空粒子が得られることが確認できた。

この時得られた中空粒子の粒度分布は図 10 の通りである。また，この時の粒子は図 11 の XRD が示す通りバテライト相であることがわかる。

この結果から，中空粒子合成の適正条件には，初期 pH，バブリング終止時の pH およびバブリング時間が強く関与していることがわかる。

ついで中空粒子が生成される範囲を詳細に確認するため，0.1 mol/l の塩化カルシウム水溶液を用い，初期 pH 8.5～10.5，温度 28℃，炭酸ガス流量を 0.5～5.0 l/min として試験を行い得られた粒子をミクロトームにより切断し粒子断面の観察を行った。結果は，図 12 に示す通りである。

良好な中空粒子は初期 pH 9.5～9.8，終了時 pH 6.0～7.0 この間を 4～8 min 間にバブリングすることにより得られることがわかる。中空粒子の形状および歩留まりを考えると初期 pH 9.5，バブリング終了時 pH 6.2 とし，この間を 8 min 程度で変化させるのが好ましいようである。

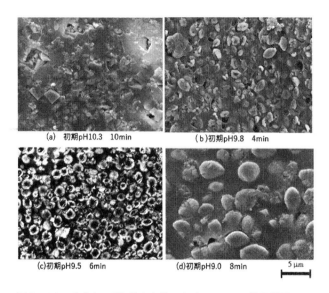

図9 CO_2 バブリング条件を変化した時の $CaCO_3$ 粒子断面 SEM
（$CaCl_2$：0.1 mol/l, CO_2：2.5 l/l（solution），28℃）

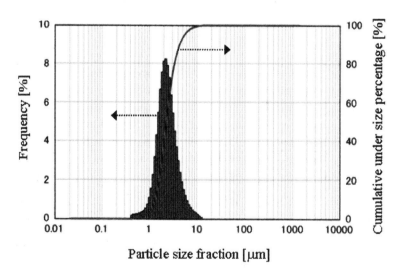

図10 CO_2 バブリングで得られた $CaCO_3$ 中空粒子の粒度分布
（$CaCl_2$：0.1 mol/l, CO_2：2.5 l/l（solution），初期 pH 9.5, 6 min, 28℃）

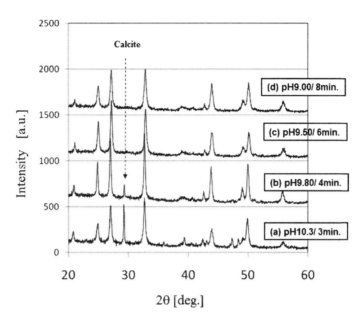

図 11　CO₂ バブリング条件を変化した時の CaCO₃
粒子 X 線回折結果（Cu K α, 30 KV, 20 mA, 2°/min）

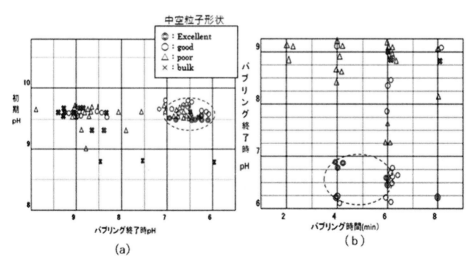

図 12　CO₂ ガスバブリング条件を変えたときの CaCO₃ 粒子の
断面 SEM 観察による中空粒子形成の判定結果

(2) 中空粒子合成の安定化

前節で述べたように，炭酸カルシウムの中空粒子の生成条件はほぼ確認できたが，さらに収率の向上を図るためには，中空粒子がどのようなプロセスで形成されてゆくかを知ることが重要である。

このため，炭酸ガスバブリングによる pH 変化の各過程でサンプルを採取し，ウルトラミクロトームで切断して断面を SEM 観察した。図13に，その時の pH カーブと Ca イオン濃度の変化の様子およびサンプル採取位置を示す。

図14(a)～(d)は各サンプリング位置で採取した粒子の断面 SEM 像である。

バブリング開始後点 A では pH 変化が生じており析出はおきているものの，まだ溶液は透明で肉眼的には確認できない。点 B に至り白濁が開始，点 C では完全に白濁，点 D 以降では pH 変化速度は減少するがなお緩やかに減少は続く。図14からわかるように中空粒子は，点 C，点 D に至って形成されることがわかる。この時の結晶形態を X 線回折で調べると図15のとおりであった。

この結果から，最初点 A の気－液界面に析出した粒子はアモルファスで，pH の低下に伴い凝着した粒子は点 B に至り液界面の析出粒子がバテライトに変態する。さらに点 C に至り溶解析出プロセスにより液－ガス界面に凝集していたアモルファス粒子が一気にバテライト化し，中空粒子の形成が完成することがわかる。

さらなる pH 低下により点 D において Ca イオン濃度が上がっているのが認められるが，これは図14(c)，(d)と別視野の拡大写真図16(a)，(b)を比較するとわかるように粒子内部の微粒子が再溶解したためと考えられる。最終的に図16(b)にみられるようなきれいな中空粒子が形成されることになる。

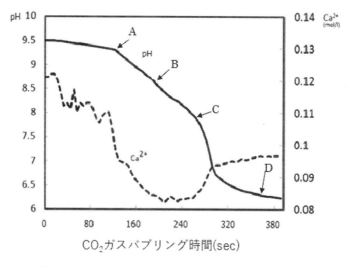

図13 $CaCO_3$ 中空粒子合成時の pH および Ca^{++} 変化曲線
($CaCl_2$: 0.1 mol/l（solution），初期 pH 9.5, CO_2 : 2.5 l/min）

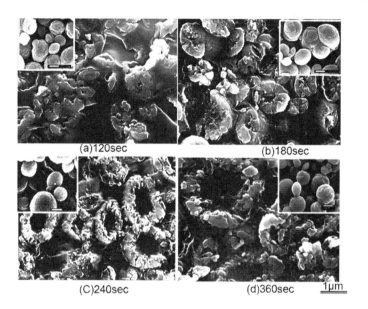

(a)120sec   (b)180sec

(C)240sec   (d)360sec   1μm

図 14 CO_2 ガスバブリング時の時間経過に伴う粒子形状の変化
（$CaCl_2$：0.1 mol/l（solution），初期 pH 9.5, CO_2：2.5 l/min）

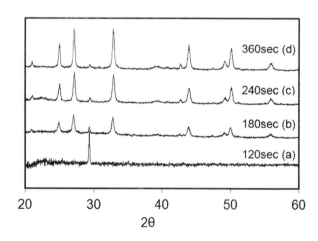

図 15 CO_2 ガスバブリング時の時間経過に伴う粒子の組織変化
（$CaCl_2$：0.1 mol/l（solution），初期 pH 9.5, CO_2：2.5 l/min）

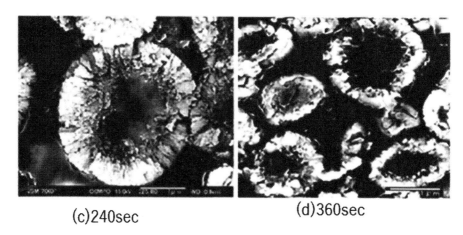

(c)240sec   (d)360sec

図16　中空粒子合成最終ステージの粒子形状の変化
（$CaCl_2$：0.1 mol/l（solution），初期 pH 9.5, CO_2：2.5 l/min）

3.4　むすび

　バブルテンプレート法による中空粒子の製造法について，炭酸カルシウムを中空粒子を代表例として紹介した。しかし，最も実績に富むと思われる炭酸カルシウムにおいてさえ溶液の種類，ガスの種類，バブルサイズ，そして粒子形成過程における相変態の制御が絡む複雑なプロセスであり，他の系への展開は容易ではない。しかし，バブルテンプレートによる中空粒子の製造法は，省エネ，環境への負担軽減という観点から積極的にその応用範囲を広げて行くべきプロセスであると思われる。今後多くの研究がなされてゆくことを期待したい。

文　　　献

1)　Kawa.T, H. Sakai, T. Katsuhara, K. Nishiyama, and M Abe., "Preparation of Porous Inorganic Oxide Hollow Spheres Utilizing the interfacial Gelling Reaction", *Matr.Tech.*, **17**, 397-402 (1999)

2)　Masayoshi FUJI, "Synthesis of Ceramic Hollow Nano-Particle and Development of Material for Low Environmental Impact", 粉砕., No. 52 (2009)

3)　Eitaro Matsuoka, Hirofumi. Daiguji, "Fabrication of hollow poly-allylamine hydrochloride/poly-sodium styrene sulfonate microcapsules from microbubble templates", The 47th National Heat Transfer Symposium., 48 (2010)

4)　Han, Y. S., G. Hadiko, M. Fuji and M. Takahashi, "Novel Approach to Synthesize Hollow Calcium Carbonate Particles", Chem. Lett., 34, 152-153 (2005)

5)　K. Sawada, "The mechanism of crystallization and transformation of calcium carbonate",

Pure & *Appl. Chem.* **69**, 921-928 (1997)

6)　http://www.chem.usu.edu/~sbialkow/Classes/3650/Carbonate/Carbonic%20Acid.html

7)　Gebauer D., A. Voelkel, H. Coelfen, "Stable Prenucleation of Calcium carbonate Clusters". *Science*, **322**, 19, Dc. (2008)

8)　Emilie P., P. Bomans, J. Goos, P. Frederic, G. With, Nico. Sommerdij, "The Initial Stages of Template-Controlled CaCO$_3$ Formation Revealed by Cryo TEM". *Science* **323**, 1455 (2009)

第5章 噴霧法

1 噴霧乾燥法による中空粒子の作製

遠山岳史[*]

1.1 噴霧乾燥法とは

　噴霧乾燥法とは水溶液あるいはスラリーを噴霧し，微細な液滴を分散させたまま熱風中で乾燥させることで，微細な球状粒子を作製するプロセスである。この利点としては，水溶液から直接的に粉体材料が得られ，数秒～数十秒の短時間で乾燥を行うため，熱に弱い材料でも適用可能である。さらに，水分の蒸発のみにエネルギーを使用するため，乾燥温度は100～150℃程度で十分であり，低コストで簡便であるため，工業化に適したプロセスである。また，噴霧条件および噴霧溶液を選定することで中空粒子を得ることができる[1~4]。噴霧乾燥法による中空粒子の生成メカニズムを図1に示す。噴霧により生じた数 μm の微細な液滴が炉内で乾燥されることで表面から蒸発が起こり，液滴は乾燥収縮と同時に濃縮される。つぎに，溶解した物質が濃縮により飽和に達すると，液滴表面に沿って微細な1次粒子が析出し，中空壁が形成される。その後，内部に溶存した物質は中空壁を足場として析出し，内部の水分は中空壁間隙を抜けて蒸発，最終的に中空粒子が得られる。一例として，図2に水溶液およびスラリーを噴霧乾燥して得られた生成物の走査型電子顕微鏡写真を示す。なお，(a)，(c)は電子顕微鏡による粒子外観を示しており，(b)，(d)は粒子をエポキシ樹脂に包含後，ウルトラミクロトームにて粒子を樹脂ごと切断した破断面の走査型電子顕微鏡写真である。図中の暗い部分がエポキシ樹脂，明るい部分が無機質中空壁を示している。水溶液とスラリー，いずれを噴霧乾燥した場合においても球状粒子が得られるが，水溶液を噴霧乾燥した場合には前述の通り内部に空洞を持った中空粒子が得られ，スラリーを噴霧乾燥した場合には内部まで充填した中実粒子となる。これは，スラリーを噴霧した液滴中には微細な粒子が初期段階から存在しており，乾燥によりこの微粒子が凝集，さらには溶解していた物

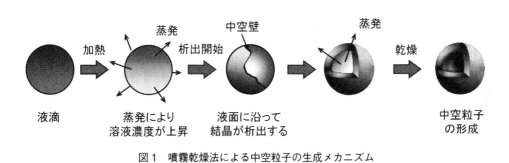

液滴　　　蒸発により　　　液面に沿って　　　　　　　中空粒子
　　　　溶液濃度が上昇　結晶が析出する　　　　　　の形成

図1　噴霧乾燥法による中空粒子の生成メカニズム

＊　Takeshi Toyama　日本大学　理工学部　物質応用化学科　教授

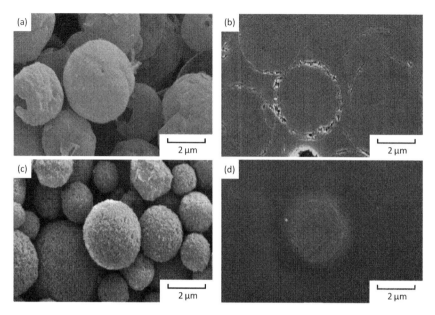

図2　噴霧乾燥法により得られる粒子の外観と内部構造
(a), (b)：水溶液系, (c), (d)：スラリー系
外観：(a), (c), 内部：(b), (d)

質はこの微粒子を足場として析出するため中空とはならず，中実粒子となる。すなわち，噴霧乾燥法による中空粒子の作製は，液滴表面に足場が形成されることが重要であり，高濃度水溶液の調製法がカギとなる。

　一方，高濃度水溶液を調製するためには溶解度の高い物質を選定する必要がある。たとえば，塩化カルシウム六水和物（$CaCl_2 \cdot 6H_2O$）の溶解度は 42.7 g/100 ml（20℃）と高く[5]，高濃度水溶液を容易に調製することが可能である。しかし，塩化カルシウム水溶液を噴霧乾燥して得られる塩化カルシウム中空粒子もまた可溶性であり，これを工業材料として使用するのは困難である。一方，難溶性塩を酸により溶解する方法も考えられるが，噴霧乾燥法のメリットは原料がそのまま粉体として回収できる点であるため，最終生成物は溶解している物質と酸との化合物となり，期待する目的物質を得ることはできない。

　したがって，噴霧乾燥法により中空粒子を作製するには，噴霧前には不安定な可溶性物質であり，噴霧後には化学的に安定な物質に変化する系を構築する必要がある。そこで，本節では炭酸カルシウム（$CaCO_3$）を例に取り，二酸化炭素吹込み法による $CaCO_3$ 球状中空粒子の作製方法について解説する。

1.2　噴霧乾燥法による炭酸カルシウム中空粒子の作製

　$CaCO_3$ は，紙，塗料，プラスチックなどのフィラーとして用いられているが，その際には $CaCO_3$ 粒子の粒径，形状，分布などを制御した形態制御により，フィラーに対し用途に応じた

機能を付与させている。このとき，$CaCO_3$ 中空粒子を作製することが可能となれば，軽量フィラーとしての利用だけでなく，医薬品・香料の徐放剤や，塗料を保護するマイクロカプセルなどの機能性材料としての利用が期待できる[6,7]。$CaCO_3$ 中空粒子の作製法としては現在までエマルションテンプレート法，バブルテンプレート法などを用いた作製法が報告されているが，これらの方法は芯物質を除去する必要がある，大量合成が困難である，などのデメリットも存在する。

　$CaCO_3$ は難溶性で化学的安定性を有するため，フィラーとして優れた性質を示す。しかし，噴霧乾燥法により中空粒子を作製する場合には，目的物質が完全に溶解した噴霧溶液を調製する必要がある。フィラーとして用いられるカルサイト型 $CaCO_3$ の溶解度は 0.0013 g/100 ml（25℃）と低く[8]，このままでは噴霧乾燥法には適していない。しかし，$CaCO_3$ 懸濁液に二酸化炭素（CO_2）を吹き込むことにより，(1)式に示す反応により可溶性の炭酸水素カルシウム（$Ca(HCO_3)_2$）水溶液となり，溶解度が著しく増大する。このときの溶解量は $CaCO_3$ 換算で約 1 g/L となる。

$$CaCO_3 + H_2O + CO_2 \; \rightarrow \; Ca(HCO_3)_2 \; (aq) \tag{1}$$

　この水溶液は CO_2 共存下でのみ安定であり，溶液を加熱することで溶解している CO_2 が系外に放出されることで再び $CaCO_3$ が沈殿を起こすため，加熱処理を行う噴霧乾燥法に適した溶液の調製法と言える。とくに，$CaCO_3$ の溶解に対して第 2 成分を添加したわけではないため，析出する生成物は $CaCO_3$ だけとなるのが大きなアドバンテージである。

　噴霧乾燥法は溶液の調製方法が重要な因子ではあるが，装置条件によっても得られる粒子の形態が変化する。そこで，本節では著者らの実験結果をもとに，$CaCO_3$ 中空粒子の形態に及ぼす各種因子の影響について紹介する[9]。

　はじめに，中空粒子の形態に及ぼす噴霧乾燥温度の影響について解説する。理論上は噴霧乾燥機温度を水の沸点である 100℃ 以上に設定することが有効であるが，乾燥温度が高くなるほど蒸発速度も速くなり，中空粒子の粒径および内部構造に影響をもたらす。図 3 に乾燥温度を変化させて得られた $CaCO_3$ 中空粒子の走査型電子顕微鏡写真を示す。噴霧液滴は表面から蒸発が始まり，結果として液滴の収縮が起こる。このため，噴霧乾燥温度が高い場合には収縮初期に液滴表面に中空壁を形成する $CaCO_3$ の 1 次粒子の析出が起こり，得られる粒子は 3～10 μm の大形粒子となる。また，粒径が大きいために中空壁の厚さは 100 nm 程度の薄さとなった。さらに，乾燥速度が速いため，内部の水分が外部に抜ける時間が十分に確保できず，突沸により，一部崩壊した粒子も観察される。一方，80℃ と低温度で噴霧乾燥を行った場合には，液滴の表面積が大きいため，沸点以下ではあるが乾燥した粉体を得ることができる。しかし，粒子表面には微細なカルサイト特有の菱面体状粒子が観察され，崩壊している粒子が多数観察された。これは，乾燥温度が低いため乾燥時間が長くなり，1 次粒子が結晶成長したことによるものと考えられる。一方，100℃ で乾燥したものでは粒径 1～3 μm 程度の表面が滑らかな真球度の高い球状粒子が得られ，内部構造観察から中空壁厚 150 nm 程度の外殻をもった中空粒子であることが確認された。また，得られた生成物の X 線回折図形を図 4 に示す。80℃ の低温度で得られた粒子にはカルサイト特

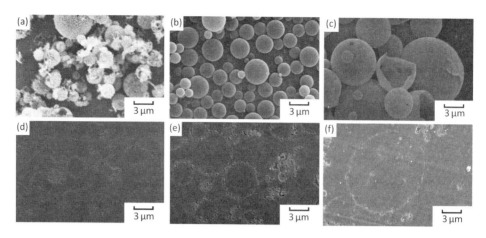

図3　噴霧乾燥温度を変化させて得られた中空粒子の走査型電子顕微鏡写真
噴霧乾燥温度／℃，(a)，(d)：80，(b)，(e)：100，(c)，(f)：150
外観：(a)，(b)，(c)，内部：(d)，(e)，(f)

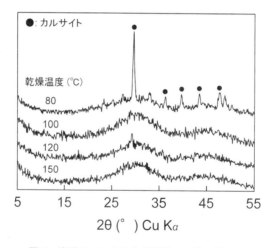

図4　炭酸カルシウム中空粒子のX線回折図形

有の $2\theta = 29.6°$ に代表される回折ピークが顕著に見られた。これは上述の通り1次粒子の結晶成長に起因するものである。一方，中空粒子が得られる100℃以上では明確な回折ピークは観察されなかった。このことから，中空壁を形成する1次粒子は微細な $CaCO_3$ ナノ粒子から構成されていると考えられる。

　つぎに，中空粒子の形態に及ぼす噴霧圧力の影響について解説する。噴霧液滴は溶液に高圧の空気を吹き付けることにより作り出しており，空気の吹き付け圧力，すなわち噴霧圧力により生成する液滴の大きさが変化する。そこで，噴霧圧力を変化させて得られた $CaCO_3$ 中空粒子の走査型電子顕微鏡写真を図5に示す。50 kPaと低圧力で噴霧した場合には生成する液滴のサイズ

は大きくなるため，得られる粒子の粒径は大きくなる。一方，高圧力で噴霧した場合には微細な液滴が形成されるため，得られる中空粒子の粒径は小さくなり，噴霧圧力を制御することで中空粒子のサイズをある程度コントロールできることが可能であった。

一方，中空粒子のアドバンテージは軽量であることである。そこで，中空粒子の軽量性を評価するために，タップ法を用いてかさ密度測定により評価した（図6）。噴霧圧力50 kPaと低圧下で噴霧乾燥した場合には，得られる粒子のかさ密度は約0.05 g/cm^{3}を示した。一方，噴霧圧力が増大するとかさ密度は増大する結果となった。これは粒径が小さくなることにより粒子の充填性が向上したためであると考えられる。しかしながら，一般的なCaCO$_3$粒子（試薬など）のかさ密度は1.0 g/cm^{3}程度であることから，本法により得られたいずれの中空粒子のかさ密度は小さく，軽量フィラーとして有効であると考えられる。

なお，中空粒子は軽量であればあるほどフィラーとして付加価値が高い。さらに，中空粒子の内部空間を利用する場合には体積の3乗に反比例して内部空間が小さくなるため，中空粒子のナノサイズ化は光学的特性を利用する場合を除き優位性が低いと考えられる。

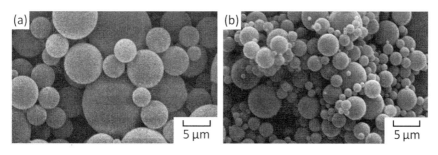

図5　噴霧圧力を変化させて得られた中空粒子の走査型電子顕微鏡写真
噴霧圧力 /kPa，(a)：50，(b)：200

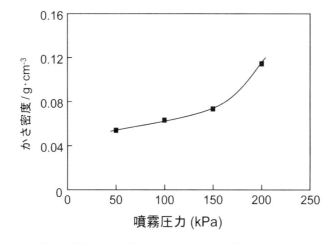

図6　噴霧圧力を変化させて得られた中空粒子のかさ密度

1.3　中空粒子の機械的特性

　中空微粒子は内部が充填した中実粒子とは異なり軽量であることが大きなアドバンテージである。しかし，軽量がゆえに粒子の機械的特性は内部まで充填した中実粒子よりも弱く，フィラーなどとして実際に使用する際には粒子の圧縮強さを考慮する必要がある。しかし，中空粒子の研究・開発においてはそれぞれの研究者が「この装置のこの条件で作製したものは使用できるが，この条件では使用できない」と言った感覚的な判断基準に基づき評価しており，工業材料として中空粒子を広く使用するためには明確な評価基準が必要である。

　一方，シリカ（SiO_2）からなる中空粒子としてシラスバルーンが知られている。シラスバルーンは天然に産出される火山珪酸塩（シラス）を高温加熱して，発泡させた微細な風船状中空粒子であり，粒径はシラスの組成と焼成条件により異なるが2 μm～1 mm 程度のものが製造・販売されている。このため，軽量フィラーとしてモルタルなどに添加されているほか，遮熱・断熱材として塗料などに添加されており，広く利用されている中空粒子である。このため，火山珪酸塩工業（VSI）研究会（2011 年7 月に研究会は休止）によりシラスバルーンの規格が定められている[10]。VSI 規格では，水で満たされた加圧容器の中にメッシュ状容器に充填した中空粒子（シリカバルーン）を沈め，窒素ガスを用いて8 MPa で1 分間加圧・保持した粒子が破壊されない（水に浮く）ことを条件としている。すなわち，フィラーとして使用するに必要な中空粒子の圧縮強さは8 MPa であると言える。

　しかし，噴霧乾燥法により得られる中空粒子は微細な1 次粒子が凝集して中空壁を構成しており，さらに，乾燥時に内部の水分が中空壁の間隙を通り外部へと蒸発しているため中空壁は多孔質であり，水の浸透が認められる。このため，短時間では水に浮くが，時間の経過に伴い水中に沈降するのがシラスバルーンとの大きな違いである。このため，VSI 規格の基準値8 MPa は参考になるが，別途噴霧乾燥により得られた中空粒子のための測定方法を開発する必要がある。

　セラミックス微粒子の圧縮強さ測定のための装置として，微粒子強度測定装置なるものが販売されている。しかしながら，これら装置はシリカやアルミナなどの内部まで充填された中実粒子を対象としたものであり，測定範囲は0.1～数 GPa であり，比較的強度の低い中空粒子の評価には感度不足である。そこで，筆者は高分子の硬度測定，弾性率測定に用いられる微小硬度計を用いることとした。具体的には㈱島津制作所製ダイナミック超微小硬度計 DUH-211 に20 μm フラット圧子を取り付け，中実粒子の測定に有効な同社製微小圧縮試験機 MCT-211 の制御部を組み合わせた装置を用いた。これにより，顕微鏡観察下で粒子1 粒（約800 nm～10 μm）を選択し，粒子単体の圧縮強さを測定することが可能である。測定結果は JIS R 1639-5 で定義され[11]，(2) 式を用いて算出した。なお，Cs は圧縮強さ（MPa），P は荷重（N），d は粒径（μm）である。

$$Cs = 2.48 \times \frac{P}{\pi d^2} \tag{2}$$

　なお，測定結果のイメージを図7 に示す。フラットパッドを押し込むことで荷重はリニアに増大し，破壊点で荷重の増加は停止する。このため，本装置ではこの変曲点を破壊点としている。

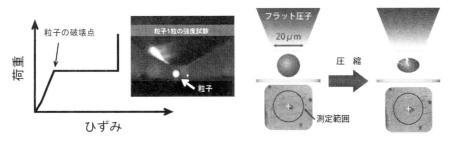

図7　中空粒子1粒の圧縮強さ試験の概略図
（粒子側面からの写真（左図）は㈱島津制作所ホームページより引用）

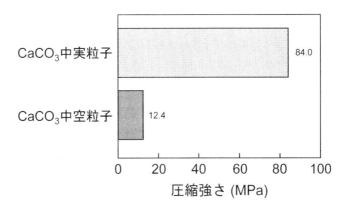

図8　炭酸カルシウム中空粒子の圧縮強さ

したがって，感度が低い測定装置を使用した場合には変曲点が明確にならず，正確な圧縮強さを求めることが困難である。

　そこで，本装置を用いて$CaCO_3$中空粒子1粒の圧縮強さ試験を行った結果を図8に示す。なお，$CaCO_3$スラリーを噴霧乾燥することで，内部まで$CaCO_3$が充填された中実粒子を比較として用いた。その結果，$CaCO_3$中実粒子の平均圧縮強さは約84 MPaと高い。一方，中空粒子の圧縮強さは中実粒子と比較して低くなり，その値は約12 MPaとなった。しかしながら，VSI規格の定める8 MPa以上の圧縮強さを示しているため，噴霧乾燥法により得られた$CaCO_3$中空粒子はシラスバルーンと同様の用途に利用でき，その他機能性フィラーとしても十分に利用可能であると言える。

1.4　まとめ

　噴霧乾燥装置は医薬，食品，化学メーカーなどで単純な乾燥機として用いられており，さらにはインスタントコーヒーやトナーなどの大量消費型材料の製造にも用いられている一般的な装置である。しかしながら，中空粒子の製造装置として有効であるにも関わらず，広く使用されていないのが現状である。この理由としては，生産効率を求める企業にとっては希薄水溶液を噴霧す

るというのは非効率であるためである。このため，中空粒子の高付加価値化と，霧溶液の調製法についての戦略が重要である。

　本解説では，二酸化炭素吹込み法により $CaCO_3$ を可溶化し，それを噴霧溶液として用いることで $CaCO_3$ 中空粒子の作製について紹介した。この方法は他のカルシウム塩にも有効であり，筆者は二酸化炭素吹込み法による水酸アパタイト（$Ca_{10}(PO_4)_6(OH)_2$, HAp）の可溶化と[12]，これを利用した HAp 中空粒子の製造方法についても報告している[13]。HAp 中空粒子は付加価値の高いドラッグ・デリバリー・システムや化粧品用基材としての利用も期待できるため，十分実用化が可能であると考えられる。

　また，材料として使用するには統一的な評価方法が必須である。粒子の圧縮強さは用途に応じて適宜検討する項目ではあるが，本解説ではシラスバルーンの評価方法をたたき台にして，一例を紹介した。今後の中空粒子の実用化のための参考になれば幸いである。

文　　　献

1) 川島嘉明，林　三陽，竹中英雄，粉砕，**25**, 89-97 (1980).

2) G. L. Messing, *J. Am. Ceram. Soc.*, **76**, 2707-2726 (1993).

3) 高橋正嗣，食品と開発，**41** (12), 19-21 (2006).

4) A. B. D. Nandiyanto, K. Okuyama, *Advanced Powder Technology*, **22**, 1-19 (2011).

5) 日本化学会編，"改訂5版 化学便覧 基礎編II"，丸善，(2004) pp.149.

6) M. Takahaashi, M. Fuji, Y. S. Hann, *J. Soc. Inorg. Mater. Japan*, **12**, 87-96 (2005).

7) 田中眞人，粉体技術，**1**, 45-56 (2009).

8) 無機マテリアル学会編，"セメント・セッコウ・石灰ハンドブック"，技報堂出版，(1995) p.46.

9) 遠山岳史，川又智也，阿部信彦，服部安彦，小泉公志郎，梅村靖弘，*J. Soc. Inorg. Matar. Japan*, **21**, 226-230 (2014).

10) http://www.kumin.ne.jp/vsi/

11) 日本工業標準調査会，"JIS R 1639-5，ファインセラミックス－か（顆）粒特性の測定法－第5部：単一か粒圧壊強さ"，(2007) p.1-5.

12) T. Toyama, H. Nakajima, Y. Kojima, N. Nobuyuki, *Phos. Res. Bull.*, **26**, 91-94 (2012).

13) T. Toyama, S. Hattori, Y. Kojima, N. Nishimiya, *J. Australian Ceram. Soc.*, **46**, 10-13 (2010).

2 火炎噴霧法による中空粒子の作製

飯村健次[*]

2.1 諸言

　現在の我々の身の回りの製品，例えば化粧品，電子機器，医薬品など様々な分野でシリカ，チタニア，酸化亜鉛等の酸化物ナノ粒子が盛んに合成され応用されている。これら機能向上のために添加されるセラミックス粒子は，機能性フィラーと捉えることができる。フィラーは古くは，コンポジット材料の力学的物性を向上させることに主眼が置かれ，コンポジット特性に大きな影響を与えない熱的・化学的に安定なものが広く使用されてきた。近年では，フィラーの持つ物理化学的特性を積極的にコンポジット材料である製品に反映させることが主流となっている。フィラーの機能を高めさらに高付加価値化するためのアプローチも種々研究されており，フィラー粒子をナノサイズまで小さくしているのもその流れの1つである。粒子を小さくするメリットはいくつかあるが，比表面積を大きくし材料との混和性を上げるだけでなく，粒子サイズより長い波長を持つ可視光を屈折しなくなり透明化することができるといったことが1例として挙げられる。現在，粒子を小さくする以外の手法が脚光を浴びており，フィラー粒子自身の複合化ならびに，中空化が代表例として挙げられるであろう。フィラー自体が複合粒子であれば2つ以上の機能を1度にコンポジットに付与することができることは当然であるが，気相を内包する中空粒子もまたある種の複合粒子とみることができる。

　中空粒子の持つ特異な物性，その魅力については，他章でも述べられていることと思うので割愛するが，種々の手法が広く盛んに開発されているのが現状である[1]。中空粒子の合成プロセスは，中空化するためにテンプレートを用いるか否かに大別することができることは述べるまでもないであろう。テンプレート法[2,3]では，シェル厚みや粒子径について，精緻な制御が可能である一方，テンプレートを除去する工程が必ず必要となる。熱処理によりバーンアウトする方法が一般的であるが，場合によっては酸・アルカリあるいは有機溶媒により溶出する手法も採られる。程度の差はあるものの，これらのプロセスはエネルギーを必要としたり，廃液の処理が必要であったりと，環境負荷の観点から考えると最善の選択であるとは言えない。反対にテンプレートフリー法[4,5]では，粒子物性について精緻な制御が困難である一方，テンプレートを除去する必要がなく，ダイレクトに中空構造の粒子が得られるという大きなメリットを有する。したがって，必要とされる中空粒子の物性の制御の程度によっては，テンプレートフリー法が特に，気相における合成では，固液分離プロセスや乾燥工程を必要としないため極めて有望な合成プロセスと結論付けることができる[1,6~8]。

　本節では，気相テンプレートフリー中空粒子合成法の一つとして，火炎噴霧法の中空粒子合成への応用について述べる。火炎合成法について馴染みのない読者のために，その原理について概説し，一般に適応される酸化物ナノ粒子合成法と火炎噴霧法による中空粒子合成について紹介す

＊　Kenji Iimura　兵庫県立大学　大学院工学研究科　化学工学専攻　准教授

る。

2.2 技術的な背景

　火炎中で微粒子を合成するプロセスは，タイヤに混練されているカーボンブラックやシリコーン樹脂等のフィラーとして用いられるフュームドシリカの合成に使われており[9]，我々の身近な製品に大量に使われているナノ粒子を合成するために広く使われる手法である。これらの製品は主に経済性と操作性から天然ガスやモノシランガスといった気体を原料として用いるが，より一般的には，液体原料をノズルにより火炎中に噴霧することで熱分解する火炎噴霧熱分解法により種々の酸化物や金属のナノ粒子を得ることができる[10~12]。火炎噴霧熱分解法では，金属塩もしくは，アルコキシドを溶かした有機溶媒を高温の火炎中に噴霧し，瞬間的に溶液の蒸発と含有金属成分の熱分解を起こし，一段の操作で酸化物等の固体粒子を得ることができる。一般にアルコールを代表とする可燃性溶媒を用い，その燃焼熱を溶液の蒸発と金属塩もしくは，アルコキシドの熱分解を促進するエネルギーとして利用する手法である。ナノ粒子の合成法にはプラズマ法，レーザー法，水熱合成法，噴霧熱分解法といった種々の手法が存在するが，これらの中で，火炎噴霧法は特に汎用性，操作性，生産性に優れるといえる。

2.3 実験方法

　本実験で用いた実験装置の概略図を図1に示す。後述する前駆体溶液をプラスチックシリンジに入れ，①に示すシリンジポンプ（アズワン㈱製 MSP-DT2）により②の2流体ノズル（扶桑精機㈱製ルミナ自動スプレーガン PS-3K 型）に送液する。なお，公証の液滴粒子径は 11 μm である。送液された溶液は，2流体ノズル内でキャリアガスである酸素により分散微液滴化し，③の

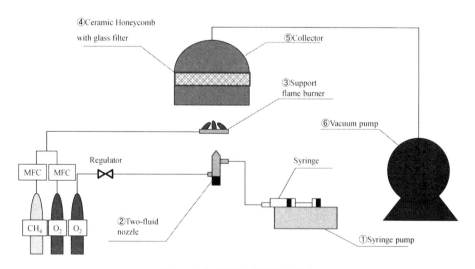

図1　火炎噴霧法実験装置の概略

リング状のバーナーの中心に向け噴霧される。バーナーには CH_4-O_2 予混合ガスが供給され支持火炎と呼ぶ火炎が常時灯火している。噴霧液滴との反応により生成した粒子を，⑥の真空ポンプ（ULVAC 製 DA-241S）により⑤の捕集装置内に吸引し，捕集装置内に設置した④のガラス繊維フィルター（Whatman 製 GF/A）によって捕集する。ここで，ガラスフィルタを通過する空気の流れを均一にすることは粒子捕集の可否を決定する極めて大きな要因であり，セラミック製ハニカム（日本ガイシ製　ハニセラム）を用いることが必要である。支持火炎に用いる CH_4-O_2 予混合ガスの組成は CH_4：O_2＝1：1 とし，それぞれマスフローコントローラー（堀場製作所製 SEC-E40, SEC-E50）を用い制御し 1 L/min で供給した。また，シリンジポンプによる溶液の注入速度を 5.0 mL/min とし，キャリアガスの圧力を 0.2 MPa に固定した。

　本実験では火炎噴霧法において，原料溶液物性が粒子形状に及ぼす影響を調べるため，シリカ系材料を対象とし，有機系溶液ならびに水溶液系で実験を行った。薬品は全てキシダ化学製の分析等級試薬であり，購入時のまま精製することなく用いた。前駆体溶液は，有機系においてはテトラエトキシシラン（TEOS）を，1.0 mol/L となるようエタノールに溶解して用いた。一方水溶液系では，0.4〜2.4 mol/L のケイ酸ナトリウム水溶液を用いた。

　捕集した粒子の形態を，有機系の粒子については，粒子径が極めて小さいため電界放出型走査型電子顕微鏡（FE-SEM，製造元型式不明）により，また水溶液系の粒子には比較的低倍率の走査型電子顕微鏡（キーエンス製 VE-8800）により観察した。有機原料系で得られた粒子については，窒素吸着式比表面積測定装置（マイクロトラック・ベル製　Bellsorp Mini）により比表面積測定を行い比表面積相当粒子径を算出した。一方，水溶液系で得られた粒子については，レーザー回折式粒子径分布測定器（日機装製 MicrotracFRA）により粒度分布を測定し，また粒子の密度を測定するため空気比較式比重計（東京サイエンス㈱製 1000 型）を用い測定し，シェルの厚みについての考察を行った。

2.4　実験結果および考察

2.4.1　粒子形態

　まず，対照実験として行った有機系原料溶液を用いたときの反応の様子を図 2 に示す。図 2 より溶液中のエタノールの燃焼により火炎の高さが 12 cm 程度となっていることが特徴として挙げられる。捕集した粒子の FE-SEM 像を図 3 に示す。図 3 からナノサイズの球状の粒子が凝集していることがわかる。そこで比表面積を測定し，捕集した粒子をシリカの密度 2.6×10^3 kg/m^3 を用い，比表面積相当粒子径を導出した。結果は 8.5 nm となり，FE-SEM 像と矛盾しない大きさであることを確認した。結論として，有機系では，原料の TEOS ならびに溶媒であるエタノールが燃焼する際のエネルギーは膨大であり，TEOS が蒸発・熱分解し，気相中で核生成したのち成長する気相合成反応であるとの従来から提唱されるモデルに従うことが確認された[10, 11]。

　次に，水溶液系原料を用い火炎噴霧熱分解を行った場合の反応の様子を図 4 に示す。図 2 と比較すると明らか火炎高さが低いことが分かる。また，溶液中に含まれるナトリウムの炎色反応よ

図2　可燃性有機溶媒を用いた火炎噴霧合成時の炎の様子

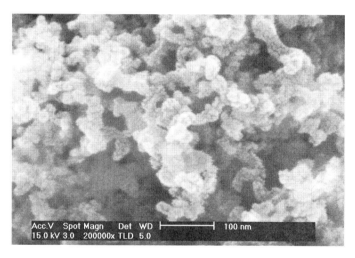

図3　可燃性有機溶媒系で火炎噴霧合成して得られた粒子の FE-SEM 像

り炎は黄色を呈した。ケイ酸ナトリウム濃度 1.2 mol/L の条件で合成し，捕集した粒子の SEM 写真を図5に示す。図5より風船のように膨らんだ粒子や破裂した粒子が確認できたことから捕集した粒子が内部に空隙を有する中空粒子であると考えられる。通常ケイ酸ナトリウム水溶液いわゆる水ガラスを熱処理した場合，温度によっては水に再溶解することが知られており[13]，比較的高温での処理が必要とされる。合成した粒子はメタン炎の燃焼温度である 2,000℃ 近い温度域の反応場をごく短時間ではあるが通過することで，水に対して不溶化し，水に分散させることが可能であった。よって，レーザー回折式粒子径分布計で粒子径分布をその 50％粒子径を求めた。50％粒子径は 13.1 μm であった。一方，空気比較式密度測定装置により測定した粒子密度は 896 kg/m³ であった。得られた粒子の正確な組成は現在のところ不明であるが，ガラス系材料の密度が 2,200〜2,600 kg/m³ であることを考えると，粒子密度が明らかに低いことから，中空粒子

図4　水溶液を原料に用いた火炎噴霧合成時の炎の様子

図5　1.6 mol/L ケイ酸ナトリウム水溶液を用い火炎
噴霧合成して得られた粒子の SEM 像

であることが示唆され，SEM 像との整合性が確認できた。また，空気比較式密度測定装置では，シェルを気体分子が透過できればシェル物質の密度が測定されるはずであるが，測定値はガラス系材料の密度より明らかに小さく，シェルは気体分子を透過しない閉殻の構造を持っていることも示唆された。

2.4.2　中空構造に及ぼす原料組成の影響と構造制御

　前駆体溶液濃度が粒子径および密度に及ぼす影響について検討した。前駆体溶液濃度を 0.4，0.8，1.2，1.6，2.0，2.4 mol/L とし，実験を行い，粒子径，粒子密度を測定した。粒径を濃度の関数として図6に，また，密度を濃度の関数として併記し示す。図から特に粒子径について多少のばらつきは見られるが，濃度が高くなるにつれて，粒子径は大きくなり，粒子密度は低くなっていることがわかる。これは，濃度が高くなるにつれて粒子径に比べて相対的にシェルが薄くな

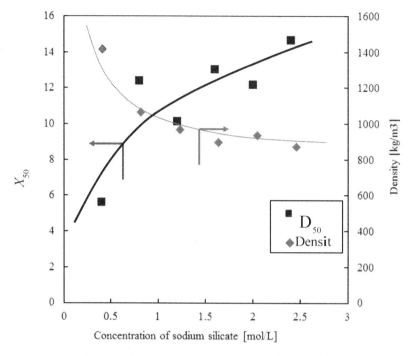

図6 D_{50} および密度のケイ酸ナトリウム水溶液濃度依存性

図7 種々のケイ酸ナトリウム水溶液濃度で火炎噴霧合成して得られた粒子の SEM 像,
(a) 0.4 mol/L, (b) 1.2 mol/L, (c) 2.4 mol/L

ることを示す結果といえる。0.4, 1.6 ならびに 2.4 mol/L のケイ酸ナトリウム水溶液を用い得られた粒子の SEM 像を図7 (a), (b), (c) として示す。SEM 観察像より, (a) では明らかに粒子が小さく, (b), (c) と濃度が高くなるにつれて粒子が大きく膨らんでいる様子が確認され, 図6 との整合性がみられた。

シェルの厚みを推算することは, 応用の面からも興味深い。直径 X [m] の粒子1個に着目すると中空粒子の見かけ密度 ρ_s は, 空気の密度を無視して内部空隙の直径 x [m] を用いて次式で表すことができる。

$$\rho_s = \rho \frac{\pi}{6}(X^3 - x^3) / \frac{\pi}{6} X^3 = \rho \left\{ 1 - \left(\frac{x}{X} \right)^3 \right\} \tag{1}$$

ここで，ρはシェル物質の密度である。よって，

$$\frac{\rho_s}{\rho} = 1 - \left(\frac{x}{X}\right)^3 \tag{2}$$

$$\frac{x}{X} = \sqrt[3]{1 - \frac{\rho_s}{\rho}} \tag{3}$$

となりこの1/2がシェル厚みとなる。シェル物質の密度を 2,300 kg/m^3 と仮定し，0.4 mol/L における $X_{50} = 5.6\,\mu$m，$\rho_s = 1,420$ kg/m^3 を用いると $x/X = 0.726$ となりシェル厚みは 0.76 μm と見積もることができる。2.4 mol/L における測定値 $X_{50} = 14.8\,\mu$m，$\rho_s = 860$ kg/m^3 から $x/X = 0.855$ となり 1.07 μm と見積もることができる。このように，濃度によって相対的にシェルは薄くなるが，広い濃度範囲においてシェル厚みは約 1 μm であり，シェル厚みは濃度に大きく依存しないことが分かった。

以上の実験結果から粒子形態メカニズムについて図8に示す機構を推察した。噴霧液滴に CH$_4$-O$_2$ 支持炎から熱エネルギーが供給されたことにより液滴表面から水分の蒸発が起こる(a)。水分の蒸発により次第に液滴表面で溶液濃度が増加し，過飽和となり，(b)のように表面にシェルが形成される。この考えを基に，前駆体溶液濃度の変化による中空粒子構造を考えると，溶液濃度が低い時は，水分量が多いため，(a)の表面からの蒸発過程に多くの熱エネルギーを消費し，シェルの形成に時間を要し，シェルは液滴の中心近くで形成されることから小さな粒子となる。

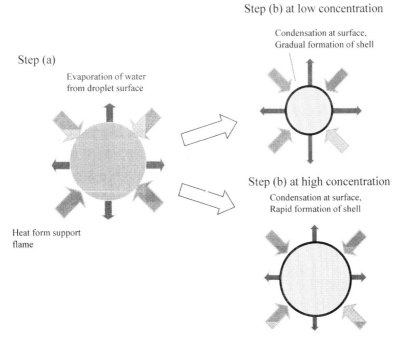

図8 中空粒子生成メカニズムのモデル

一方，溶液濃度が高い時は逆に速やかにシェルが形成され，粒子径が大きくなると考えれば，図6に示した実験結果を矛盾なく説明することができる。以上のことから，原料水溶液濃度により中空粒子の粒子径をある程度制御することができ，内部中空を含めた粒子密度を幅広く制御できることが示されたといえる。噴霧ノズルにより決まる液滴径を制御することができれば，より広範な物性制御も可能となるであろう。

2.5 結言

　軽量化だけでなく，その他特異な物性で注目を集める中空粒子のテンプレートフリー合成法の一つとして，火炎噴霧法の適用性について検討した。可燃性の溶媒を用いた場合には，生成した粒子は極めて微細なナノ粒子であった。一方，不燃性の水溶液を原料とする火炎噴霧法では，熱分解とともに水の蒸発が起こることで，粒子が中空化することを見出した。得られる粒子の粒子径ならびに中空を含めた見かけ密度は，原料水溶液の濃度に依存し，濃度が高いほど，大きくなった。

文　　献

1)　高橋実ほか，*Journal of the Society of Inorganic Materials, Japan*, **12**, 87（2005）
2)　F. Caruso *et al.*, *Science*, **282**, 1111（1998）
3)　M. Fuji *et al.*, *Advanced Powder Technology*, **23**, 562（2011）
4)　G. Hadiko *et al.*, *Materials Letter*, **59**, 2519（2005）
5)　H. Watanabe *et al.*, *Advanced Powder Technology*, **20**, 89（2009）
6)　桜井修ほか，窯業協会誌，**94**, 813（1986）
7)　F. Iskandar *et al.*, *Journal of Nanoparticle Research*, **3**, 263（2001）
8)　F. Iskandar *et al.*, *Nano Letter*, **1**, 231（001）
9)　P. T. Spicer *et al.*, *Journal of Aerosol Science*, **29**, 647（1998）
10)　S. E. Pratsinis, *Progress in Energy and Combustion Science*, **24**, 197（1998）
11)　R. Strobel *et al.*, *Advanced Powder Technology*, **17**, 457（2006）
12)　飯村健次ほか，粉体工学会誌，**52**, 500（2015）
13)　山崎信助ほか，特開平 7-34029（1995）

3 噴霧水滴－油相界面でのゾルーゲル反応を利用したチタニア中空粒子の作製

長嶺信輔*

3.1 はじめに

無機中空微粒子は軽量性，絶縁性，光散乱特性といった中空構造に由来する特長と，機械的強度や耐熱性等の無機物の性質を併せ持つことから，軽量フィラーや断熱材，絶縁材料，光学材料，触媒，マイクロカプセルなど，様々な分野での利用が期待されている。

中空粒子の作製において，異なる2相間の球状の界面が固体の生成場として重要な役割を果たす。例えば気相での代表的な粒子製造法である噴霧乾燥法，噴霧熱分解法では，気－液滴界面における固体の析出，生成によりシェルが形成され，中空微粒子を作製することが可能である。また液相中での中空微粒子合成法においては，有機，無機粒子テンプレート法（固－液界面），エマルションテンプレート法（水－油界面），バブルテンプレート法（気－液界面），微生物テンプレート法など，様々な界面が固体の生成場として利用されている。これらの作製法については，本書の該当する各章をご参照いただきたい。

本稿では，筆者らが開発した，噴霧水滴と油相の界面でのゾル－ゲル反応を利用したチタニア中空微粒子の新規な作製法について説明する。詳細は後述するが，本手法では界面活性剤等を用いておらず，また生成した粒子のコア部には水のみが存在するため，乾燥のみにより中空粒子が得られる。また，この手法を静電紡糸法と組み合わせたチタニア中空ファイバー作製法についても併せて紹介する。

3.2 噴霧水滴－油相界面でのゾルーゲル反応を利用したチタニア中空粒子の作製

無機材料の主要な作製法の一つであるゾル－ゲル法は，主に金属アルコキシドを出発原料とし，その加水分解，縮重合によりゾルを経由して金属酸化物ゲルを作製する方法である[1]。この方法により，バルクの多孔体に加え，粒子や薄膜，ファイバーなど様々な形態の材料が作製されている。

金属アルコキシドは疎水性であり，水と反応して固体を生成する。よって，金属アルコキシドを含む油相と水からW/OあるいはO/Wエマルションを調製し，その球状の水－油界面で選択的にゾル－ゲル反応を進行させることで，金属酸化物の中空微粒子を作製することができる。この手法においては，固体の生成速度とエマルションの安定性のバランスが重要である。シリカの原料であるテトラエトキシシラン（TEOS）のように加水分解速度が非常に遅い場合には，シェルが形成されるまでの間，界面活性剤などを用いてエマルションを安定に保つ必要がある。一方，チタニアの原料であるチタンテトライソプロポキシド（TTIP）のように水との反応性が非常に高い場合には，系が均一なエマルションを形成する前に反応が進行し，材料の構造制御が困難と

＊ Shinsuke Nagamine　京都大学　大学院工学研究科　准教授

なるため，反応速度を抑制する添加剤などが用いられる。

　筆者らは，TTIP の加水分解速度が非常に速いことに着目し，チタニア中空微粒子の新たな作製法を考案した[2,3]。作製法の概略を図1に示す。TTIP をヘキサン等の有機溶媒に溶解させ，その溶液に水を噴霧により吹き込む。溶液中に吹きこまれた水滴は有機溶媒との界面張力により球形となり，その界面で TTIP の加水分解が迅速に進行し，チタニアのシェルが形成される。また，このシェルの形成により水滴の合一が抑制される。生成した微粒子を回収し，乾燥により内部の水を除去することで，図2に示すようなチタニア中空粒子が得られる。

　この作製法の特長として，以下の点が挙げられる。まず，噴霧乾燥法などの固体やその先駆体を含む溶液を噴霧する方法に比べ，本手法では噴霧液が水であるため，噴霧ノズルのメンテナンスが容易である。また，界面活性剤や固体粒子等のテンプレートを用いていないため，その除去のための工程が不要である。一方，粒径は噴霧水滴径により決定されるため多分散であり，また，サブミクロン径の粒子を作製することが困難であるなどの課題が残されている。

　本手法では，水滴と油相の間の界面でシェルが形成するため，水と溶媒の親和性が重要な因子であると考えられる。そこで，疎水性の溶媒としてヘキサン，親水性の溶媒としてイソプロパノールを用いて粒子を作製し，形態を比較した。得られた粒子の SEM 像を図2に示す。ヘキサンを用いた場合には粒径 10-50 μm の球状の中空微粒子が多数生成している。同じく疎水性の溶媒であるシクロヘキサンを用いた場合にも同様の粒子が作製できた。一方，イソプロパノールを用いた場合には，表面に多数の孔を持つ歪んだ形状の粒子の凝集体が得られた。水との相溶性の低い溶媒を用いた場合，界面張力のため水滴は球形に保たれる。それに対し，イソプロパノールは水と完全に相溶であるため，明確な界面が形成されず，水滴はイソプロパノール側に溶出していく。このときの水滴形状の変形や水の濃度の揺らぎが，粒子形状の歪みや表面の細孔の形成の原因であると考えられる[2]。以上より，本作製法において疎水性の溶媒が適していることが示された。

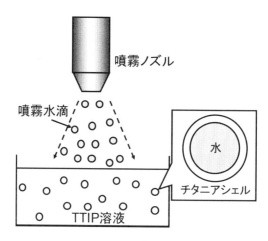

図1　チタニア中空粒子作製法の概略図

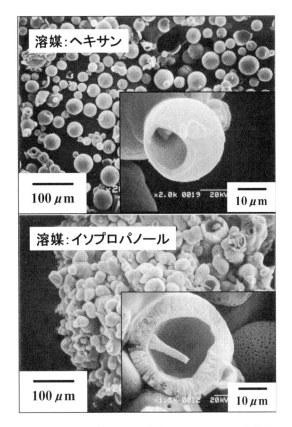

図2　異なる溶媒を用いて作製したチタニア中空粒子
　　　のSEM像

　得られる粒子のサイズは，供給された噴霧水滴のサイズを反映している。すなわち，噴霧水滴
径の制御が粒子径の制御につながる。図2に示した粒子は噴霧に2流体ノズルを用いて作製した
ものであり，粒径は数十ミクロンである。ここで，より微細な水滴を生成可能な超音波噴霧を用
いると，図3に示すような粒径数ミクロンの中空粒子を得ることができる。また，同じノズルで
も操作条件による粒子径の制御が可能である。その一例として，2流体ノズルを用いた場合の，
得られた粒子の粒径分布，および平均粒径と噴霧ノズル-油相液面間距離の関係を図4に示す。
粒径は多分散であるが，平均粒径はノズル-液面間距離の増大に伴い増加することがわかった。
これは，噴霧により生成した水滴が，液面に到達するまでの間に合一することによるものと考え
られる[2]。
　シェルの厚さも中空粒子において重要な制御対象の一つである。シェルはTTIPと水の拡散，
および反応によって界面付近で形成される。そのため，拡散速度と反応速度の比がシェルの厚さ
を決定する重要な因子であると考えられる。そこで，反応速度を制御するために，酢酸をTTIP
溶液に添加し粒子の作製を行った。酢酸は種々のチタンアルコキシドと錯体を形成し，加水分解

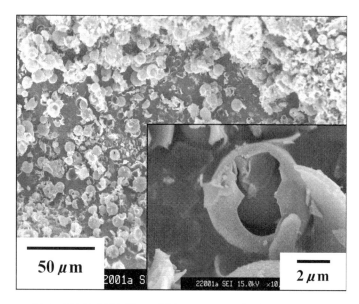

図3　超音波噴霧を用いて作製したチタニア中空粒子の SEM 像

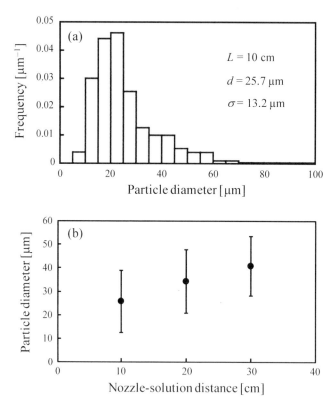

図4　(a)チタニア中空粒子の粒径分布，(b)平均粒径と
　　　ノズル－溶液間距離の関係

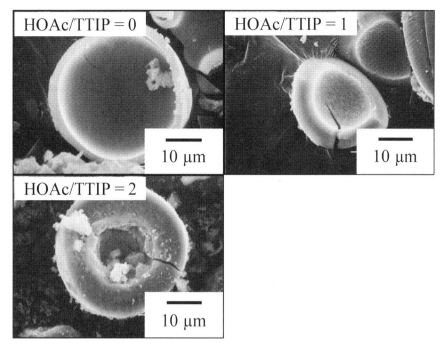

図 5　酢酸を添加して作製したチタニア中空粒子の SEM 像

反応を抑制することが知られている[4]。得られた中空粒子の SEM 像を図 5 に示す。TTIP 溶液中の酢酸濃度の増加に伴い，シェルの厚さが増加している傾向が見られる。これは，TTIP の加水分解反応が酢酸により抑制され，シェルが完成するまでに TTIP の拡散がより水滴内部まで進行したためであると考えられる。同様の結果が，同じくアルコキシドの加水分解を抑制するアセチルアセトンを用いた場合にも得られた[3]。

3.3　窒素ドープによる可視光応答性チタニア中空粒子の作製

　チタニアは光触媒の代名詞ともいえる物質であり，熱，化学的に安定であること，無害であることから環境浄化材料や太陽電池などへの応用が進められている。光触媒に価電子帯と伝導帯の間のバンドギャップ以上のエネルギーを持つ光を照射すると正孔と電子が生成し，それぞれ酸化，還元反応を誘起する。ここで，チタニアのバンドギャップはアナターゼ型で 3.2 eV 程度であり，これは波長 388 nm の紫外光に対応する。そのため，チタニアはこの波長以下の紫外光しか光触媒反応に利用できない。この欠点を補うために，遷移金属や窒素，硫黄のドーピングにより，バンドギャップを小さくし，チタニアに可視光応答性を付与する試みが研究されている[5]。

　チタニアへの窒素のドーピング法としては，アンモニアガス雰囲気下でチタニアを熱処理する方法や，チタニアと尿素等の窒素化合物を混合して熱処理する方法がある。筆者らの中空粒子作製法では，噴霧水中に水溶性物質を添加することで，中空粒子内にカプセル化することが可能で

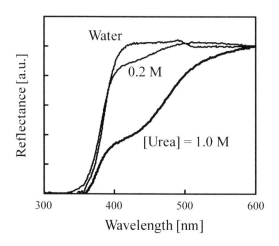

図6　尿素水溶液を噴霧液として作製した窒素ドープ
チタニア中空粒子の UV-vis 拡散反射スペクトル

ある。この特長を利用して，窒素化合物を内包したチタニア中空粒子を作製し，それを熱処理することにより，可視光応答性を持つ窒素ドープチタニア中空微粒子の作製を行った[6]。種々の濃度の尿素水溶液を TTIP／ヘキサン溶液に噴霧し，尿素を内包した微粒子を作製した。この粒子を空気雰囲気下 400℃で熱処理し，尿素の熱分解により黄色の窒素ドープチタニア中空微粒子を得た。作製した微粒子の紫外可視光吸収スペクトルを図6に示す。水を噴霧液として作製した微粒子は紫外光のみを吸収しているのに対し，尿素水溶液を用いた微粒子は波長 400-600 nm の可視光も吸収しており，窒素ドープにより可視光吸収性が付与されたことが示された。これらの粒子を用い，可視光照射下でのメチレンブルーの分解実験を行った結果を図7に示す。窒素ドープにより可視光照射下での光触媒活性が向上したことが確認できた。

3.4　静電紡糸法と界面でのゾル-ゲル反応によるチタニア中空ファイバーの作製

　中空粒子という主題からはやや外れるが，本項では同様の手法をチタニア中空ファイバーの作製に適用した研究について紹介する。筆者らの手法では，得られる微粒子は水滴の形状によって決定される。そこで，水滴をファイバー状にすれば，チタニア中空ファイバーが得られるものと予想される。ファイバー状の水滴を発生させる手段として，静電紡糸法に着目した。

　静電紡糸法とはその名の通り電気力を用いた紡糸技術であり，ナノファイバーを簡便に作製できる手法として注目を集めている。典型的な静電紡糸装置は高圧電源，シリンジ，シリンジポンプ，コレクター（アース電極）から構成される。シリンジに入れた液体を針状のノズルから押し出しながら，ノズルに高電圧を印加する。電圧の印加により液体は帯電し，ノズルとコレクター間の電場により噴出される。水などの低粘度の液体は球状の液滴として噴出される（静電噴霧）。一方，高分子溶液などの溶液の粘度が十分高い場合，液滴は電場により引き伸ばされ，直径数十〜数百 nm のナノファイバーとして捕集される[7]。

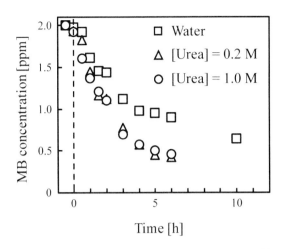

図7　窒素ドープチタニア中空粒子による可視光照射
下でのメチレンブルー分解実験結果

　筆者らは前項の中空微粒子作製法における水の噴霧を高分子水溶液の静電紡糸に置き換えることにより，チタニア中空ファイバーの作製を試みた[8]。作製法の概略図を図8に示す。高分子水溶液を静電紡糸し，発生するファイバー状の液滴を下方のアース電極上に設置した TTIP 溶液槽により捕集する。捕集された滴に残存する水により TTIP の加水分解，縮重合が起こり，チタニアの殻が形成される。その結果，TTIP 溶液の液面に膜状のチタニア-高分子複合体が生成し，熱処理により高分子を除去することでチタニア中空ファイバーが得られる。

　様々な分子量，濃度のポリエチレンオキシド（PEO）水溶液を紡糸液として用い，試料を作製した。生成物の形態は中空粒子，サブミクロンからミクロン径の細い中空ファイバー，数十ミクロン径の太い中空ファイバーの3種類に大別できる。これを PEO の分子量，濃度によりマッピングしたものを図9に示す。低分子量，低濃度の場合には，PEO 水溶液の粘性が低いため液滴は球状になり，球状の中空粒子が生成する。PEO 水溶液の濃度を高くすると，静電紡糸に十分な粘性が得られるため，生成物は細いファイバーとなる。ただし，分子量が高い場合には，針先から伸びた1本のファイバーが，分裂することなく TTIP 溶液まで到達する現象が目視で観察された。PEO 分子の絡み合いが強く，静電紡糸された液の分裂が妨げられたものと考えられる。この結果直径 $10\,\mu m$ 以上の太いファイバーが生成した。このように，高分子の分子量，溶液濃度により生成物の形態を制御することが可能である。この他，印加電圧，ノズル-溶液間距離等の操作条件も試料の形態に影響することを確認している。

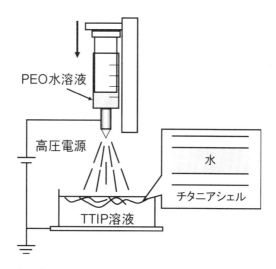

図8 静電紡糸を利用したチタニア中空ファイバー作製法の概略図

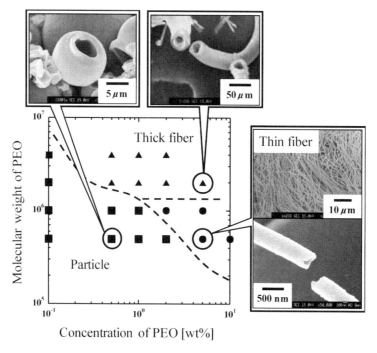

図9 チタニア中空材料の SEM 像, および材料形態と PEO 分子量, 濃度の関係

3.5　おわりに

　噴霧水滴-油相界面での TTIP のゾル-ゲル反応を利用したチタニア中空粒子，およびそれを拡張した中空ファイバーの作製法について概説した。本手法では水滴，高分子水溶液のファイバー状液滴を TTIP 溶液に吹き込むだけで，中空粒子，中空ファイバーを容易に作製することができる。また，水溶性物質をカプセル化することができるという利点を持ち，これを利用した窒素ドープチタニア中空粒子の作製例も示した。この手法が読者諸兄の興味に適えば幸いである。

文　　　献

1)　作花済夫，ゾル-ゲル法の科学，p.8，アグネ承風社 1988)
2)　S. Nagamine *et al.*, *Mater. Lett.*, **61**, 444 (2007)
3)　S. Nagamine *et al.*, *Pow. Technol.*, **186**, 168 (2008)
4)　C. Sanchez & J. Livage, *New. J. Chem.*, **14**, 513 (1990)
5)　山下弘巳ほか，触媒・光触媒の科学入門，p.36，講談社サイエンティフィク (2006)
6)　S. Nagamine *et al.*, *J. Ceram. Soc. Jpn.*, **117**, 1158 (2009)
7)　山下義裕，エレクトロスピニング最前線，p.2，繊維社 (2007)
8)　S. Nagamine *et al.*, *Chem. Lett.*, **38**, 258 (2009)

第6章　応用

1　中空粒子の光学材料への展開

突廻恵介*

1.1　はじめに

　ポリマー中空粒子はポリマーのシェル層と内部の空隙部から構成され，光が侵入するとポリマー／空気界面における強い光の反射が生じるため，光拡散材や不沈降性白色顔料等への応用が期待される材料である。しかし，一般的にシェル層がポリマーで構成された中空粒子は，UV 硬化インクや熱乾燥インク用のフィラーとしては不適である。これは，モノマーや有機溶媒等の低分子成分が存在する条件ではポリマーシェル層が浸透・軟化を受けやすく，空隙部の維持が困難なためである。現在ではこれらの問題を解決すべく，シェル層が高架橋ポリマーで被覆された中空粒子が開発され，光学材料として導光板ドット印刷用 UV 硬化インクに適用されるまでに至っている。

　一般的に液晶ディスプレイのバックライトユニット（エッジライト型）に使用される導光板には，無機粒子を含有するインク等によりドットパターンが形成されている。導光板のエッジ部より入射された光は全反射を繰り返しながら導光板内を伝搬し，ドット部で散乱されることにより導光板表面より取り出される[1]（図 1）。バックライトユニットの特性には高い正面輝度と色の均一性が求められる。

　ここで一般の無機粒子を含有するドットは光拡散が狭く導光板からの光の立ち上がり角度が小さいため，プリズムシート等の光学シートとの組み合わせを最適化する必要がある。これに対し中空粒子を含有するドットは空隙での光反射・散乱によって光を広範囲に拡散し，導光板からの光の立ち上がり角度向上による高輝度化，白色の拡散反射による色むら低減が期待されるところ

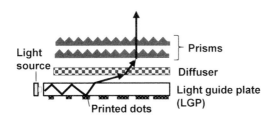

図 1　一般的なバックライトユニットの構造の模式図

＊　Keisuke Tsukimawashi　JSR ㈱　機能高分子研究所　機能化学品開発室　主査
　　（テーマリーダー）

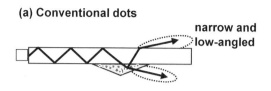

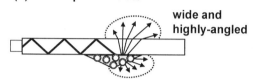

図2　導光板のドット部から出光する光分布の模式図

である（図2）。そこで，中空粒子の光学材料への展開として，中空粒子を含有する UV 硬化インクのバックライト導光板用途における性能と展望について紹介する。

1.2　高架橋ポリマーで被覆された中空粒子

　中空粒子の合成法としては，粒子のコア部を膨潤させる方法やポリマー収縮を利用し空隙をつくる方法が知られているが，ここで紹介する中空粒子はアルカリ膨潤法[2]を応用して，外径 0.6 μm，内径 0.4 μm に設計した高架橋ポリマー被覆中空粒子（以下，中空粒子）の水分散液であり，JSR　UV 硬化インク：JIP8000 シリーズに使用されている中空粒子グレードの一つである。

　中空粒子の設計においては屈折率差の大きいポリマーシェル層と空気界面の大きさ，つまり粒子の空隙径が非常に重要となる。サブミクロンの空隙径を持つ中空粒子では，光学原理から空隙径の大きい方が可視光の長波長域の拡散性が高いことからより白色に近い光を拡散する。但し，バックライトユニットに使用される光源から出る光の波長，また光が導光板を伝搬する時の光の吸収や散乱光の波長依存性といった光学特性，それからスクリーン印刷インク用材料としてのプロセス適性からの粒子外径制約といったことも考慮して粒子の空隙径を設計する必要がある。

　一般的に中空粒子は透過型電子顕微鏡（TEM）観察により，粒子が中空構造であることが確認できる（図3）。ここで紹介する TEM 画像の中空粒子の平均粒子径は外径 0.54 μm，内径 0.35 μm である。粒子径の変動係数（平均値に対する標準偏差の比，CV 値）は 2.3％，3.1％であり狭い粒子径分布にコントロールされていることがわかる。また，中空粒子の耐溶剤性評価としてのトルエンへの浸漬における溶出量は 4.6 wt％と小さく，高架橋ポリマーで被覆された構造に由来する高い有機溶媒耐性を示している（表1）。

　耐溶剤評価は，中空粒子粉体 0.15 g に有機溶媒 50 mL を加え，50℃で 2 時間撹拌。室温まで冷却した後，遠心分離によって上澄みを分離して回収し，孔径 0.45 μm の PTFE 製メンブラン

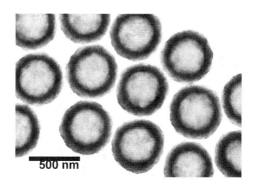

図3　高架橋ポリマー被覆中空粒子の透過型電子顕微鏡（TEM）画像

表1　高架橋ポリマー被覆中空粒子の特性

Size		
Outer diameter	（μm）	0.54
Inner diameter	（μm）	0.35
CV value of outer diameter	（%）	2.3
CV value of inner diameter	（%）	3.1
Soluble content in organic solvent		
in Toluene	（wt%）	4.6

フィルターで濾過する。ろ液を加熱乾燥して得られた固形分重量を測定し，溶媒への溶出重量を求めることができる。

1.3　中空粒子含有 UV 硬化インク

　導光板にドットパターンを形成する方法として，印刷法ではシリカ粒子や硫酸バリウム粉体といった無機粒子を含有する熱乾燥インクをスクリーン印刷する方法が一般的である。導光板生産の工程としては UV 硬化インクの方がプロセス簡略化でき望ましいが，UV 硬化インクは光開始剤由来の光の吸収から導光板での色むらが大きくなる問題があり，市場では広まっていない。そこで，JSR では色むら低減が期待できる中空粒子含有のインクをあえて UV 硬化インクとして設計している。

　インク組成としては，中空粒子の水分散液を乾燥して得られた中空粒子粉体，モノマー，プレポリマー（UV 硬化性樹脂），光開始剤を混合し，中空粒子含有 UV 硬化インク（以下，UV インク）として調製している。UV インク中において，ポリマー中空粒子はマトリクスのモノマーやプレポリマーとの濡れ性が高く，従来インクの無機粒子の分散性に比べ非常に高い分散性を示す。インク中の粒子の分散性が高いことにより，ドット印刷した時の形状均一性が高く，微細ドット印刷も可能にするものである。上記の外径 0.6 μm 設計の中空粒子含有 UV インクであれ

ばスクリーン版の適正化によりドット径 50 μm の印刷も可能であり，導光板基材の薄型化に必要となってくる微細ドット印刷にも対応できるものである。尚，スクリーン印刷インクとして印刷適性から粘度 10〜20 Pa·s が好適であることは中空粒子含有 UV インクも同じである。また，スクリーン版の選定においてはドット径に応じたメッシュサイズの選定，インクとの濡れ性・相互作用を考慮した乳剤種の選定が重要であることはスクリーン印刷の基本である。

　さらに UV インクとしては導光板となる基材への密着性を発現するメカニズムに工夫が必要である。例えば，UV インクは無溶剤系であるが熱乾燥性インクの有機溶媒のように基材に浸透するモノマーを添加する，あるいは基材の官能基と相互作用する官能基をもった成分を添加する等である。導光板基材としては，最も一般的な PMMA（メタクリル酸メチル樹脂）の他，MS 樹脂（メタクリル酸メチル－スチレン系樹脂），PC 樹脂（ポリカーボネート樹脂），ガラス基材などが挙げられ，JSR　UV インクはどの基材にも密着するように設計されている。

　以下に中空粒子含有 UV インクの性能について説明するが，性能比較のために採りあげている比較インクは，中空粒子の代わりに密実フィラーである硫酸バリウム（$BaSO_4$）粉体を使用した $BaSO_4$ インクである。

1.4　UV インク硬化膜中の中空粒子の状態と光学特性

　中空粒子の光学特性として，まず硬化膜の性能を説明する。中空粒子含有 UV インク硬化膜の断面 SEM 像を図 4 に示す。中空粒子の空隙は硬化膜中でも維持されており，高架橋ポリマーで被覆されたシェル層が低分子モノマーを含む UV 硬化成分の侵入を阻止していることが確認できる。また，UV インク硬化膜の光学特性を表 2 に示す。$BaSO_4$ インクが高ヘーズ・高全光線透過率（TT）を有する半透明膜を形成したのに対して，中空粒子インクは高ヘーズ・低 TT の白色膜を形成している。密実フィラーである $BaSO_4$ が光を透過しつつ屈折・散乱することにより光拡散性を示すのに対して，中空粒子はポリマーシェル層と空隙の界面において光を反射することで不透明性とより高い光拡散性に寄与しているといえる。中空粒子は UV 硬化樹脂中でも空隙由来の光学特性を発揮できることが示された結果である。

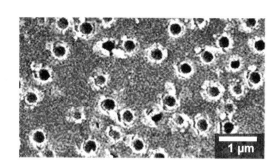

図 4　中空粒子含有インクの硬化膜断面の走査型電子顕微鏡（SEM）画像

表 2　UV インク硬化膜の光学特性（PET 基材）

Sample	Thickness (μm)	Haze (%)	TT (%)	Appearance
Hollow particle ink	15	94.4	56.2	White
$BaSO_4$ ink	14	89.8	88.4	Semi-transparent

　硬化膜断面 SEM 像は，UV インクを間隙 10 μm のバード式フィルムアプリケーターを使用して厚さ 250 μm の PET フィルムに塗布し，UV 照射により硬化させ，硬化膜断面を走査型電子顕微鏡（以下 SEM）によって観察したものである。また，硬化膜の光学特性評価は上記で作製したフィルムの全光線透過率およびヘーズを，ヘーズメーター（日本電色社製 NDH-5000）によって測定したものである。比較のために $BaSO_4$ インクを使用して同様の評価も行っている。

1.5　ドット印刷導光板の発光特性

　一般的にドット印刷用インクの性能評価としては，ドット印刷導光板を作製し実際に光らせたときの特性を確認する方法が採られている。ここでは，印刷面の小さいスマホサイズ（ラボサイズ）の評価方法を紹介する。

　UV インクを厚さ 3 mm の PMMA 基材上にスクリーン印刷機を用いて印刷し，図 5 に示す格子状ドットパターン（ドット直径 100 μm，ドットピッチ 200 μm）を形成させる。印刷された基材に UV 光を照射してインクを硬化させ，ドット印刷導光板（LGP）を作製する。導光板の一側面に白色 LED バー（LED ピッチ 8.6 mm）を設置して発光させ，輝度および色度を視野角特性測定装置（ELDIM 社製 EZContrast XL88）によって測定する。得られたデータより，図 6 に示す面内における輝度及び色度 y 値の出向角度依存性を評価するものである。

　評価結果では，中空粒子インクをドット印刷した導光板が発光面に対する法線方向（角度 0°）の輝度が高く，広い角度方向への光の立ち上がりを示した。一方，$BaSO_4$ インク導光板は水平方向（角度 60°～80°）への指向性が強く，立ち上がりが小さい発光を示すことが確認できる（図 7）。中空粒子インクは導光板ドットに適用した場合においても高い光拡散性を発現し，広範囲へ

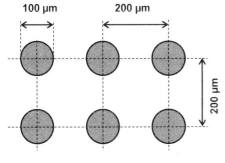

図 5　ドットパターンデザイン

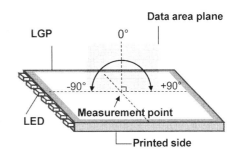

図 6　EZ Contrast 平面測定エリアの模式図

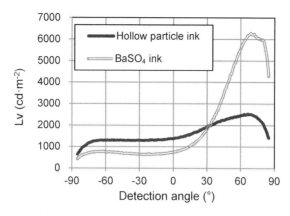

図7　導光板の輝度（Lv）の角度特性

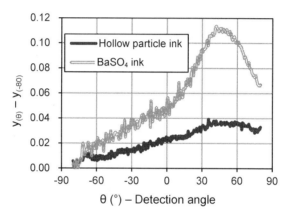

図8　導光板からの光の色度差の角度特性
（角度−80°のy値を0に設定）

光を拡散する性質を有することが示されている。

　また，中空粒子インク導光板は出向角度に対する色度y値の変動が非常に小さいことが分かる（図8）。これは，中空粒子の空隙によって，可視光領域における波長依存性の小さい反射（白色光の反射）が生じたためである。一方，ポリマー／空気界面のような屈折率差の大きい界面がドット内部に存在しないBaSO$_4$インクの場合，光の立ち上がりには微粒子による光散乱の寄与が非常に大きくでている。一般的に微粒子による光散乱の効率は短波長光ほど高い。このため，BaSO$_4$インクでは短波長光がより大きく立ち上がり，出向角度に依存した色度変動が大きくなるのである。

　中空粒子インクは従来の無機粒子インクに比べ非常に拡散性が高いため，印刷するドットパターンも高拡散性ドットとしての設計が必要である。従来の低拡散性インクのドットパターンにて中空粒子インクを印刷した場合，ドット印刷導光板を光らせると光路方向に対し光源近くばかりが光り光源の反対側まで光が伝搬されないという結果になる。そこで，中空粒子インクの場合

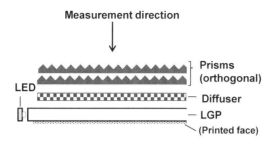

(a) Side view

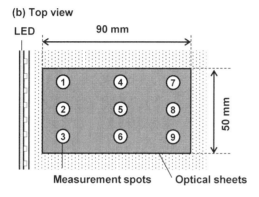

(b) Top view

図9　バックライトユニット試験条件の模式図

表3　バックライトユニット構成の発光特性

Sample	$Lv_{av}(cd \cdot m^{-2})$	$y_{max} - y_{min}$
Hollow particle ink	4967	0.0062
$BaSO_4$ ink	4201	0.0109

ドット密度を下げる，印刷面積を小さくする必要がある。パターンがピッチグラデーションの場合はピッチを広げる，サイズグラデーションの場合はサイズを小さくするということである。$BaSO_4$ インクとのシミュレーション比較では印刷面積，インク使用量が3分の1にできる結果も得られている。

1.6　バックライトユニットの性能評価

　次にバックライトユニットとしての性能を説明する。評価方法としては2.5項にて述べた方法で作製した導光板の発光面上に50 mm×90 mm のサイズの光拡散シート及びプリズムシート2枚を積層し，一側面に白色LED光源が設置されたバックライトユニットを構成，発光面に対する法線方向における輝度および色度を二次元色彩輝度計（コニカミノルタ社製CA-2500）により測定した（図9）。一般的に測定点9箇所のデータを抽出し，輝度の平均値及び色度差（$y_{max} - y_{min}$）を評価するものである。

　導光板上に光拡散シート及びプリズムシートを積層した，バックライトユニット構成における発光面の平均輝度及び色度差（$y_{max} - y_{min}$）を表3に示す。中空粒子インク系は$BaSO_4$インク系と比較して，法線方向の平均輝度が大きくかつ面内の色度差が小さく，良好なバックライト特性を示している。中空粒子インクでの光反射による立ち上がり角度の大きい発光が高輝度化に寄与し，発光の波長依存性が小さいことによって発光面の色度差が低減されたものである。

1.7　中空粒子含有 UV 硬化インクのガラス導光板への適用

　導光板ドット印刷用インクとして優れた特性を持つ中空粒子含有 UV 硬化インクであるが，市販化・量産化のきっかけとなったのは大型テレビの薄型化を目的としたガラス導光板の印刷インクとしての適用であった。

　ガラス導光板は，ディスプレイパネル用に開発された当初，従来のソーダガラスに比べ透過率が高く光学特性に優れたガラスであったが，従来の導光板用樹脂である PMMA（メタクリル酸メチル樹脂）に比べ導光板から発する光は輝度が低く，色度差が大きいという課題があった。

　このガラス導光板に中空粒子含有 UV 硬化インクをドット印刷することで輝度，色度差は飛躍的に向上することができた。特に色度差については当時スタンダードであった PMMA 基材に無機粒子含有インクを印刷したものを超える性能を発現することが確認されている。色度差（$y_{max} - y_{min}$）では，TV パネルサイズの 70 インチで 0.013 と非常に優れた性能が検証できている。ガラス導光板使用 TV が発売された当初のモデルのガラス導光板の色度差は 0.04〜0.05 といったレベルであったことからもその性能差は特筆すべきものであった。

　今後，TV の導光板は大型 TV の薄型化，軽量化の観点から，ガラス基材であれば更に薄く，また樹脂基材であれば MS 樹脂（メタクリル酸メチル－スチレン系樹脂）等の様々な基材が使用されることになり，今まさに検討がなされている状態である。ここで一番に課題となるのは基材由来の輝度の低下と発せられる光の色の不均一性である。そこで，中空粒子含有 UV 硬化インクは特性を発現する中空粒子の構造を制御することで，導光板の課題を解決する優れた材料と言える。今後の展開が期待されるものである。

1.8　おわりに

　高架橋ポリマーで被覆された中空粒子は，UV 硬化性樹脂等へのインク配合後も空隙の維持が可能で高い光拡散性を発現する優れた材料である。また，導光板にドット印刷された中空粒子インクの高い光拡散性が，バックライトユニットの輝度向上と色むら低減に有効であることが検証されている。本中空粒子は，導光板用途だけでなく様々な光拡散系光学材料への応用が期待されるものである。

第6章　応用

文　　献

1) 井手文雄監修，ディスプレイ用光学フィルムの開発動向，p.143-144，シーエムシー出版，
   (2008)
2) ロームアンドハースカンパニー，非水溶性コア／シェル顔料様ポリマー粒状体による不透
   明化水性分散液用組成物及びその製造方法，特公平3-9124 (1991)

2 反射防止フィルム

2.1 はじめに

村口　良*

芯物質（Core）と殻物質（Shell）からなる Core-Shell 型粒子はコアセルベーション法などにより得られ，カプセル化材料などへの応用が期待されている[1~4]。中でも Core 部分に空孔を有する中空形状の粒子は，その特徴的な形状ゆえに特異的機能を発現する機能性材料として注目を集めている[5,6]。例えば，Shell 部分が二酸化ケイ素系で構成された中空 SiO_2 粒子は，屈折率が非常に低い低屈折材料としての利用が期待される。更に，ナノメートルサイズの微粒子が設計できれば，光学透明な材料として，ディスプレイ表面の反射防止材料として適用することができる。近年，パソコンのモニターや 4K テレビに代表される薄型テレビ等に留まらず，携帯電話，スマートフォン，タブレットなどのモバイル情報端末や，デジタルカメラやカーナビゲーションシステムなど，あらゆる場面で表示装置としてのディスプレイが利用されている。しかも，どのデバイスにおいてももはや文字情報や静止画による情報伝達だけではなく，当然のように動画が取り扱われるようになってきている。そのため，高精細化，高輝度化等の画質の向上への要求はますます高くなってきており，映り込み防止に加えて，コントラストや黒色の再現性などに優れる反射防止フィルムの適用が増えてきている。

筆者ら（日揮触媒化成，村口ら）は Core 部分に空孔を有する Core-Shell 型の中空粒子の材料開発を行ってきた。特にナノオーダーでの超微粒子が，反射防止フィルムに適用できることを示し，実用的な反射防止フィルムに適用できる材料（微粒子）と，それを適用した反射防止特性について開発を行っている[7,8]。本稿では，中空微粒子の産業応用として，コアシェル型中空微粒子の設計と，それを適用した反射防止コーティング液とそれから得られる反射防止フィルムについて実例を交えて報告する。

2.2 反射防止フィルムの設計

2.2.1 反射防止の原理

外光がディスプレイ表面に入射していく場合，その一部は表面で反射される（図1）。反射は媒体の屈折率差によって発生し，屈折率 n_0 の媒体から屈折率 n_2 の媒体2に垂直入射する場合の反射率は次式(1)で与えられ，つづく式(2)の条件を満たす時が反射防止膜（n_1）の無反射条件とされる[9,10]。

$$R = \frac{(n_0 - n_2)^2}{(n_0 + n_2)^2} \tag{1}$$

$$n_1^2 = n_0 n_2 \tag{2}$$

＊　Ryo Muraguchi　日揮触媒化成㈱　R&D センター　ファイン研究所　所長

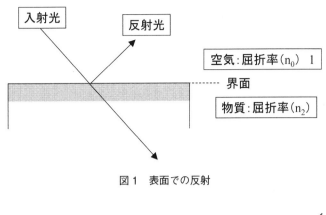

図1　表面での反射

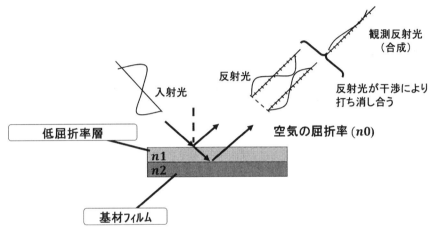

図2　反射防止層

$$n_1 d_1 = \frac{\lambda}{4} \qquad\qquad\qquad (3)$$

　詳細は他書にゆずるが，下地の基材がガラス（$n=1.45$ 程度）やプラスチック（$n=1.5\sim1.7$ 程度）の際の最外層に反射防止機能を付与しようとする場合，実質的に，出来るだけ低い低屈折率層を設ける必要がある（図2）（基材 $n=1.45$ の時 $n=1.20$，基材 $n=1.50$ の時 $n=1.23$ に近い低屈折率層）。また，式（3）から分かるように人間の視感度中心である $500\sim600$ nm の光の波長（λ）の反射を低減しようとする場合，基材の表面に 100 nm 程度の薄膜をナノメートルレベルで管理しつつ，正確な厚さ（d_1）で形成する必要がある。反射防止フィルムを形成する方法としては，ドライプロセスとウェットプロセスがある。真空蒸着法やスパッタ法などのドライプロセスは，多層膜形成や膜厚制御性に優れるため，優れた反射防止特性を得ることができるなど利点も多いが，よりシンプルで低コストなプロセスで連続処理や，大面積処理を行える処理法が望まれ，塗布法による反射防止フィルム形成が要望されてきている。

2.2.2　反射防止フィルムの設計

　塗布型の反射防止フィルムでは，最表層にいかに低屈折率な層を形成できるかがポイントとなり，ゾルゲル法による SiO_2 ベースのシリカ系被膜やフッ素元素を配合したフッ素系被膜が検討されてきた[11~13]。しかしながら，シリカ系被膜（$n=1.46$）では屈折率が不足して十分な反射防止性能が得られない場合が多い。一方，フッ素樹脂（$n=$ 約 1.34〜1.46）は，低屈折率なものが得られる可能性があるが，表面エネルギーが低い，溶剤溶解性が低いなどの問題があるため，アクリレート樹脂との複合化等で問題点の改良が検討されている。ところが，低屈折率を維持したまま，密着性，硬度などの物理特性や塗工ムラなどの被膜外観との最適化は容易ではなく，屈折率とのトレードオフになる場合が多い。

2.2.3　ナノコンポジット設計

　筆者らは，ナノサイズの中空超微粒子をフィラーとして，バインダーとなるマトリックス成分と配合することによる機能付与を目的に，光学薄膜材料の開発を行っている。

　中空 SiO_2 微粒子等の無機酸化物をフィラーとして，紫外線硬化型有機樹脂（マトリックス）等に配合することで，無機有機の複合膜（ナノコンポジット膜）を形成し，新たな機能を発現させることができる。

　ナノサイズの微粒子配合による機能発現の優位点は，各種樹脂（いま使っている樹脂）に，その機能を損なわずに所望の新たな機能を，高い透明性を維持したまま付与できる点にあるが，反射防止の場合，上述のように反射防止フィルム膜厚自体が $100\,nm$ 程度しかないため，膜中に配合される微粒子の制御も，より厳密に行う必要がある。実際には微粒子は，平均粒子径だけでなく，粒度分布も制御されている必要があり，更には薄膜内にパッキングされるための粒子の表面設計も重要になる。

2.2.4　フィラー設計

（1）　低屈折率粒子とシミュレーション

　表1には，一般的に低屈折率材料として知られるシリカ（SiO_2　$n=1.46$）とフッ化マグネシウム（MgF_2　$n=1.38$）を仮にフィラーとして配合した場合の膜屈折率を示した。最外層の薄膜として，実質的な膜強度を保つには，フィラーの配合量に限度があるため，ここでは 55 vol%配合時の膜屈折率を Maxwell-Garnett モデルによる（4）式を用いて算出した。得られた屈折率を用いて反射率カーブをシミュレーションしたものが図3である。フィルム基材は TAC フィルム（$n=1.50$）とした。実際には硬度確保のため同等屈折率の数 μm 膜厚のハードコート層を介することが多いが，ここでは単純な系とするため，$n=1.50$ 基材上の反射率カーブとした。

$$\mathrm{Nav2}(m) = \mathrm{Nm}^2\left[1 + \left(\frac{3 \cdot f(m) \cdot \left(\frac{Np^2 - Nm^2}{Np^2 + 2 \cdot Nm^2}\right)}{1 - f(m) \cdot \left(\frac{Np^2 - Nm^2}{Np^2 + 2 \cdot Nm^2}\right)}\right)\right]$$

表1　低屈折率粒子配合膜の反射率シミュレーション

Filler 種	Filler 屈折率	膜屈折率[※1]	反射率[※2]
SiO$_2$	1.46	1.487	3.43
MgF$_2$	1.38	1.443	2.44
低屈折率粒子	1.30	1.399	1.58
低屈折率粒子	1.25	1.372	1.13

※1　膜屈折率：Filler 含有量（Vol.%）55%時の計算値
　　　　　　　　Binder（屈折率 1.52，比重 1.10）
※2　反射率：TAC 基材（屈折率 1.50）上の LR 膜
　　　　　　成膜時の計算値

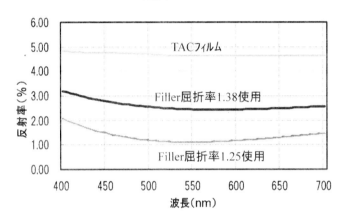

図3　低屈折率粒子配合膜の反射カーブシミュレーション

$$\mathrm{Nav}(m) = \sqrt{\mathrm{Nav2}(m)} \tag{4}$$

$$f(m) : \frac{\left(\dfrac{m}{100dp}\right)}{\left(\dfrac{1-\dfrac{m}{100}}{dm} + \dfrac{m}{100dp}\right)}$$

（Nm：バインダーの屈折率，Np：フィラーの屈折率，dm：バインダーの比重，

dp：フィラーの比重，m：0…100 重量分率）

　表1，図3から分かるように，SiO$_2$ をフィラーとして用いた場合の最低反射率が 3.43，MgF$_2$ が 2.44 と低反射化が図れるものの，一般的な LR の基準とされる反射率 1.0%には不十分であることが分かる。シミュレーションの結果，反射率が 2.0%を下回り，1.5%，1.0%を達成するには少なくともフィラーの屈折率が 1.30 未満，更には 1.25 程度が必要なことが分かる。

　そこで我々は，まず微粒子のモルフォロジー制御技術により，50 nm サイズの多孔質な SiO$_2$

粒子を設計した。この粒子は数 nm サイズの空孔を有する微粒子で，この空孔（Pore）により，通常の SiO₂ 粒子より更に低屈折率化が期待できるため，反射防止能の向上が期待された。しかしながら，ここではデータは示さないが，得られた反射率カーブは通常の SiO₂ 粒子を配合した場合と同等であった。これは上記の多孔質 SiO₂ 粒子が Pore は有するものの，外部に開かれたオープンな Pore となっているため，マトリックス樹脂成分が Pore 内部に侵入し，膜中で Pore を消失させ，結果的に SiO₂ 成分とマトリックス成分とのコンポジット膜となったためと考えられる。

(2) Core-Shell 型中空微粒子の設計

微粒子内部に空孔（Pore）を配することは低屈折率化には有効な手段であるが，上述したようにオープンな Pore は膜の低反射化には寄与しにくい。そこで我々は，芯物質（Core）と殻物質（Shell）からなる Core-Shell 型粒子のうち，Core 部分に空孔を持つ Core-Shell 型中空微粒子を設計した。各種粒子径の中空 SiO₂ 微粒子の典型的な電子顕微鏡写真（SEM 像）を図 4 に示す。図 4 では 40 nm～200 nm の比較的粒子径の揃った球状の微粒子が得られていることが分かる。図 5 にはこの中空 SiO₂ 微粒子の透過型電子顕微鏡写真（TEM 像）を示す。

それぞれの濃淡差により，この粒子が Core 部分（淡部分）と Shell 部分（濃部分）からなる Core-Shell 構造を持つことが分かる。Shell 部分の厚みは比較的均一で，Shell 層で封鎖された構造となっている。

次にこの粒子を Scanning TEM を用いてスキャンさせた。図 6 に Z-Contrast（intensity profile）と共に測定結果を示す。左図の STEM photograph に示したように中心部 A 点から，Shell 層に至る B 点を通過し，粒子外の C 点までスキャンさせた。A～C 点それぞれに対応する

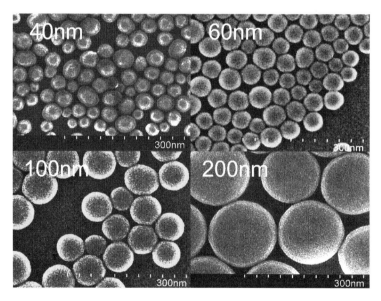

図 4　中空 SiO₂ 粒子の SEM 像

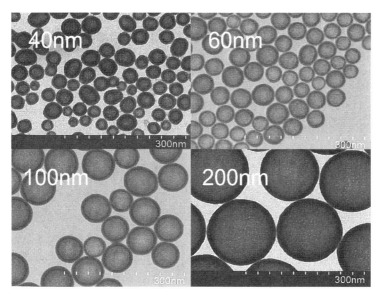

図5　中空 SiO_2 粒子の TEM 像

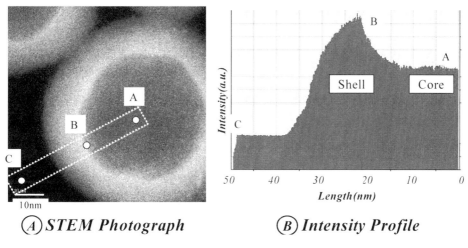

(A) STEM Photograph　　(B) Intensity Profile

図6　中空 SiO_2 粒子の Scanning TEM 像

右図の Z-Contrast の intensity から，Core の部分に相当する A～B 点にかけて平坦部分がおよそ 20 nm 続き，B 点で intensity のピークを迎えおよそ 10 nm かけて intensity が減少する様子が伺える。このことから，本粒子は Shell 層に相当する B 部分より Core 部分に相当する A～B 部の密度が低いことが分かる。続いて，10 nm 厚の SiO_2-Shell 部分と，40 nm サイズの空孔部分からなる粒子を想定したシミュレーションを行い，その結果と実測値との比較を行った（図7）。

シミュレーション結果は実測値とほぼ重なり，Core 部分は固体物質を含まない空孔であることが示唆された。

　さらに N_2 吸着法，Ar 吸着法，Hg 圧入法などを用いて評価した結果，この粒子の Core 部分が実質的に閉鎖されたクローズドポアであることが示唆された[8]。

　Core-Shell 型中空 SiO_2 粒子の Core 部分が空孔であるならば，一般的な SiO_2 粒子に比べて屈折率が低くなることが予想される。そこで，中空 SiO_2 粒子の屈折率を評価することを試みた。評価用サンプルとして一般的なシリカ系ゾルゲルバインダーに 50 nm 中空 SiO_2 微粒子を内添し，その含有量を変化させた塗布液を数点準備した。その塗布液をシリコンウエハ上におよそ 100 nm の厚さとなるようにスピンコートし，乾燥，硬化することで透明被膜を得た。これらの被膜を分光エリプソメーター（SOPRA 社製 ESVG）を用いてその屈折率を測定した。

　塗布液中の中空 SiO_2 微粒子含有量に対して，得られた被膜の屈折率をプロットしたグラフを図 8 に示す。図 8 より，被膜の屈折率は，中空 SiO_2 微粒子の配合量と共に低下した。図 8 には，シミュレーションより得られた結果も示した。シミュレーションは Maxwell-Garnett モデルによる式に従った。実測値と，シミュレーション値の傾きは粒子屈折率およそ 1.30 の場合に最も

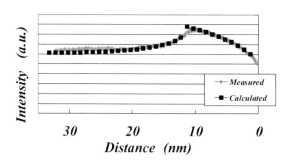

図 7　中空 SiO_2 粒子の STEM 強度とシミュレーション値

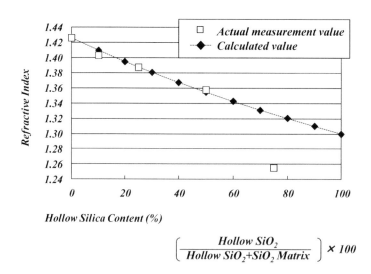

$$\left[\frac{Hollow\ SiO_2}{Hollow\ SiO_2 + SiO_2\ Matrix}\right] \times 100$$

図 8　中空 SiO_2 粒子ナノコンポジット膜の屈折率

良くフィッティングし，用いた 50 nm 中空 SiO_2 微粒子の粒子屈折率はおよそ 1.30 であることが示唆された。これは一般的な SiO_2 の屈折率 1.46 と比較して 0.16 低く，空隙率は 30〜35％と想定される。この粒子が空孔を持つ Core-Shell 構造により，低屈折率化されていることが分かった。同様に Core-Shell 構造を制御して，粒子屈折率約 1.25, 1.20 や 1.15 の粒子も得ることができる。

2.3　反射防止フィルムの実用例
2.3.1　中空 SiO_2 微粒子を用いた反射防止フィルム

得られた中空 SiO_2 微粒子をフィラーとして，有機樹脂マトリックスと配合したナノコンポジット塗料を設計し，およそ 100 nm 膜厚の低屈折率層を形成した断面写真を図 9 に示す。

空孔（Core 部分）を有した比較的均一な粒子が，二列に制御された形で密にパッキング良く配列されていることが分かる。密にパッキングできているのは，塗料の塗工時から，硬化膜までの造膜過程も考慮した設計（粒子設計，塗料設計）による。

このようにして得られた平滑な膜は，粒子凝集もなく高透明で，硬度も高い。得られた反射防止フィルムの反射カーブを図 10 に，膜特性を表 2 に示す。

シンプルな単層反射防止フィルムの構成で，ワイドバンドで反射率 1％程度の低反射特性を有し，鉛筆硬度も高く，耐擦傷性に優れた反射防止膜を得ることができることが分かる。

層数を増やした積層構造で最低反射率を低くすることは可能であるが，その場合，短波長側の反射率が高くなる V 字カーブになる場合が多く，ニュートラルで無色な色相は得られにくい。

図 10 のような低反射率でワイドバンドな反射カーブが得られるのは低屈折率な中空 SiO_2 微粒子（フィラー）を用いたことに依るところが大きい。またここでは一般的な紫外線硬化樹脂をマトリックスに用いたが，ナノコンポジット設計の優位点で述べたように，更に低屈折率なマトリックス等に配合することも可能である。

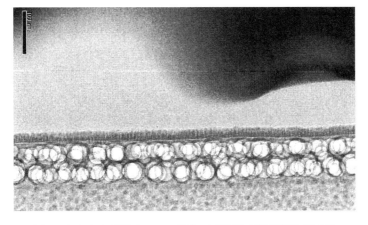

図 9　中空 SiO_2 粒子ナノコンポジット反射防止膜の断面 TEM 像

中空微粒子の合成と応用

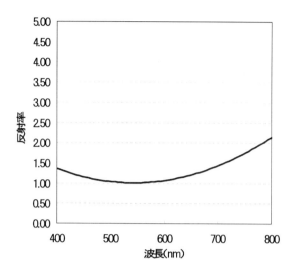

図10　中空 SiO₂ 粒子ナノコンポジット膜の反射カーブ

表2　中空 SiO₂ 粒子ナノコンポジット反射防止フィルムの特性

反射率 (%)	ボトム波長 (nm)	全光線透過率※ (%)	Haze※ (%)	鉛筆硬度	耐 SW 性 (500g/cm²)	接触角 (°)	碁盤目剥離
1.0	550	95.3	0.2	2H	○	102	100/100

※　基材：HC 膜付き TAC
※　全光線透過率，Haze ともに基材を含んだ値を記載
　　基材の全光線透過率：93.0%，Haze：0.3%

2.3.2　高機能化（AS 性付与）

　同様に視認性向上の埃付着防止のために，帯電防止性能（Anti-Static：AS 性）が付与される場合がある。AS 層もナノコンポジット概念で設計することができ，ATO（Antimony doped Tin Oxide）や PTO（Phosphorus doped Tin Oxide），五酸化アンチモン粒子（Sb₂O₅ 粒子）など，各種のナノサイズ導電性微粒子が上市されている[14, 15]。

　結晶性導電微粒子は概して高屈折率であることが多く，AS 特性付与と併せて，高屈折率層として，反射防止フィルムの多層構成に利用することができる。

　図11に，ハードコート層付き TAC フィルム基材上に ATO ナノ粒子を配合した AS/高屈層を設け，その上層に中空 SiO₂ 微粒子を配合した LR 層を積層した場合の反射カーブを示す。最低反射率 0.5%程度の反射特性を有し，硬度，擦傷性，防汚性に優れた反射防止フィルムを得ることができる。また，表面抵抗値も $10^8 \Omega/\square$ と優れた帯電防止能を有している。

　また，多層構造ではなく，下層のハードコート層そのものに AS 機能を付与させたい場合には，図12に示すような 10nm 未満のシングルナノレベルの ATO 一次粒子を連結した鎖状構造を有した鎖状 ATO ナノ粒子を適用することができる[16]。

172

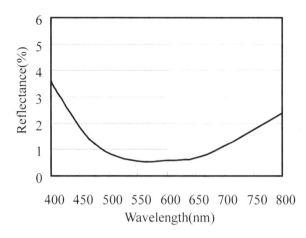

図 11　中空 SiO_2 粒子ナノコンポジット膜（多層構成）の反射カーブ

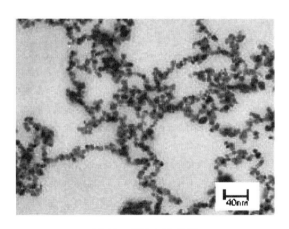

図 12　鎖状 ATO 粒子

2.3.3　更なる高性能化

　上述のように，ナノサイズに分散した中空微粒子が反射防止フィルムに適用できることを示したが，更なる高性能化が望まれる中で，より均一な粒度分布や，Shell 層を更に薄膜化した中空微粒子も設計されている。図 13 に，従来と比較して粒度分布の制御された，よりシャープな中空微粒子の例を示す。図 9 に示した様に 100 nm 薄膜の膜中にいかにパッキング良く粒子を配列させるかは，透明性，および低反射化という光学機能だけでなく，硬度や擦傷性や，耐薬品性などの信頼性にも直接的に影響を与えるため，反射防止フィルムの実際の産業上の利用においては非常に重要な問題となる。実際にはフォーミュレートを含めた塗料設計や，フィルム形成の成膜条件によるプロセス設計を含めた総合的な対応が必要になるが，図 13 に示したような中空微粒子側での一次粒子径制御，粒度分布制御，Shell 層構造制御による対応は，次世代材料として有用となる。

　これらの材料を適用することにより，単層で反射率 0.1％以下の AR（Anti-Reflection）並みの反射防止フィルムが設計され，高性能反射防止フィルムとして利用されている（表3）（図14）。

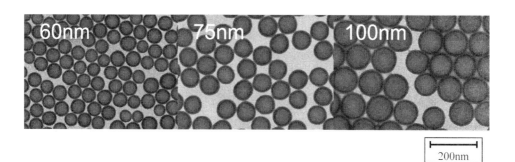

図 13　粒度分布制御タイプ中空 SiO_2 粒子の TEM 像

表3　超低反射タイプ中空 SiO_2 粒子ナノコンポジット反射防止フィルムの特性

反射率 (%)	ボトム 波長 (nm)	全光線 透過率※ (%)	Haze※ (%)	鉛筆硬度	耐 SW 性 ($500g/cm^2$)	接触角 (°)	碁盤目 剥離
0.1	550	95.9	0.2	H	△	120	100/100

※　基材：HC 膜付き TAC
※　全光線透過率，Haze ともに基材を含んだ値を記載
　　基材の全光線透過率：93.0％，Haze：0.3％

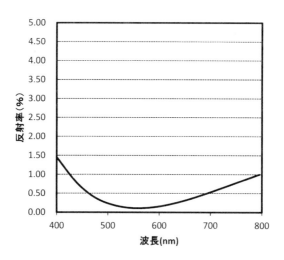

図 14　超低反射タイプ中空 SiO_2 粒子ナノコンポジット膜の反射カーブ

2.4　おわりに

　Core-Shell 型の低屈折率粒子として，Core 部分に空孔を有し，Shell 部分が SiO$_2$ 成分で封止された中空 SiO$_2$ 微粒子を設計した。中空微粒子は封止されたクローズドポアを有しており，50 nm レベルのナノサイズで均一に分散され，粒子の屈折率として 1.30～1.25 の低屈折率であると算出された。この粒子を用いた反射防止コーティング液を設計し，その塗布液から得られた LR フィルムは，単層で反射率 1% 程度のワイドバンドでニュートラルな反射特性を示し，最外層として適用可能な実質的な膜硬度を有して反射防止フィルムとして広く利用されている。引き続き粒子屈折率 1.20 や 1.15 レベルの中空超微粒子の開発も進んでいる。

　更に近年では表示装置の高精細化，高輝度化が進み，薄型テレビでは 4K テレビ，8K テレビや，有機 EL テレビなどディスプレイの高画質化が進む中で，反射率 0.5% や 0.1% 以下などの，より高性能な反射防止フィルムが要求されるようにもなってきており，本稿に示したような中空微粒子が応用される機会がますます増えてくるものと思われる。また，今回示した反射防止機能だけに留まらず，中空微粒子の特徴的な形状ゆえの特異的機能を生かした新しい応用検討も始まっており，今後の更なる開発が期待される。

文　　　献

1)　D. W. Gidley, W. E. Frieze, T. L. Dull, *A. Appl. Phys. Lett.*, **76** (**10**), 1282 (2000)

2)　K, Ito and Y. Kobayashi, *Acta Phys. Pol. A*, **107**, 717 (2005)

3)　J. Ozaki, S. Nakamura, S. Miyagawa, T. Kitamura, Imaging Conference Japan Fall Meet 2006, 97 (2006)

4)　伊地知和成，吉澤秀和，芦刈努，上村芳三，幡手泰雄：化学工学論文集，**23** (**1**)，125，(1997)

5)　Pengyu Wang, Kazuya Kobiro, *Chem. Lett.*, **41**, 264 (2012)

6)　中島謙一，高分子，**64** (**9**)，592 (2015)

7)　村口良，熊澤光章，触媒化成技報，**22**, 43 (2005)

8)　箱嶋夕子，村口良，触媒化成技報，**24**, 53 (2007)

9)　石黒浩三，光学薄膜，共立出版，23 (1985)

10)　村田和美，光学，サイエンス社，70 (1979)

11)　西川昭，プラスチックハードコート材料，シーエムシー，39 (2000)

12)　佐藤数行ら，THE CHEMICAL TIMES, No.4, 7 (2003)

13)　森本佳寛，ディスプレイ用光学フィルム，シーエムシー出版，208 (2004)

14)　小松通郎，透明導電膜，シーエムシー，84 (1999)

15)　平井俊晴，透明導電膜の新展開 II，シーエムシー，243 (2002)

16)　村口良，透明導電膜・フィルムの高透明・低抵抗化と耐久性向上，技術情報協会，86 (2010)

3 断熱材料

藤 正督[*1], 高井千加[*2]

3.1 はじめに

地球温暖化の影響か, はたまたヒートアイランド現象の影響か因果関係の解明は道半ばであるが, このところ猛暑と言われている夏が多い。近年では10月に入っても35℃を越える猛暑日が観測された地域もあったことは記憶に新しい。節電, 省エネの観点から, 高断熱住宅の設計に注目が集まっている。冬暖かく, 夏涼しい快適な生活を送るためには, 特に熱の出入りが多い窓に, より高機能な断熱性が求められる。グラスウールやウレタンフォームなどのように, 熱伝導率が低い空気を導入することで材料に断熱性能を付与することは知られていたが, 窓ガラスには視野を妨げない透明性も必要である。著者らは, 樹脂フィルムの中にナノサイズの小さな空気層を導入することで, 高い断熱性と透明性を同時に発現する高機能複合フィルムを開発した。パートナー企業とともに開発フィルムの性能試験を行い, エアコン消費電力量が約25%削減できることを実証した。この成果を受け, パートナー企業がフィルムを本格製造し2011年より法人向けに販売している。本稿ではこの高機能発現のキーテクノロジーを紹介する。

3.2 ナノ中空粒子の研究

中空粒子は内部に空間を持つ。その結果, 低密度, 高比表面積, 物質内包能といった中実粒子と異なる種々の性質を有する。これらの性質を生かし, 中空粒子は軽量材, 断熱材[1], 複合材料[2], 色材[3]など広い分野で応用されている。また, シェル厚みが制御されたメソまたはマクロ多孔性中空粒子は, 分離材やカプセル材として使用されている[4]。特にカプセル材はドラックデリバリーの機能発現や, 酵素やプロテインの過敏応答性を保護するために用いられている[5]。コアとシェル材料間の大きな屈折率差により生じる光学特性もユニークな特性といえよう。この性質を応用し, 中空粒子は光電子材料やコーティング材などとして用いられている[6]。以上のように中空粒子は, これまで多用されてきた中実粒子と比較して多くの特徴を持ち, これらの特徴を生かした多くの用途が考えられている。さらに, ナノサイズの中空粒子が市販されるようになったことから, 種々の応用研究がますます盛んになっている。この中には従来のミクロンサイズの中空粒子では成しえなかった特異な性質を発現することによる応用例もある。例えば, 可視光波長より粒子径が小さいために起こる透明性はその一つである。著者の研究グループでは, 上述したような中空粒子の性質, とりわけナノサイズの中空粒子の特性に魅せられ, ナノ中空粒子の合成を始めるに至った。以下では, ナノサイズの中空粒子の魅力の源とナノ中空粒子の合成法について言及したい。

---

* 1　Masayoshi Fuji　名古屋工業大学　先進セラミックス研究センター　教授

* 2　Chika Takai　名古屋工業大学　先進セラミックス研究センター　特任助教

3.2.1　ナノ中空粒子の魅力

　中空粒子の形状からわかるように，内部の空間と外部の空間が遮蔽されている。もちろん，これはシェルの構造や密度に依存する。実際に遮蔽できるかどうかは透過する物質とシェルとの化学的相互作用にも依存するし，分子ふるいの考えにもとづけば，主に対象の物質のサイズに依存する。ここではすべての物質が透過できないようなシェル構造を持つ中空粒子であると仮定してお話しする。図1は常温常圧の空気が中空粒子に理想気体として存在した場合の中空内部の体積とそこに存在する分子の数を計算した結果である。この計算では，空気の分子量は構成分子の平均分子量29 amuを用いた。当然のことながら，粒子サイズが小さくなると分子の存在数が減少する。内径50 nmでは分子数3000程度，10 nmになるとわずか分子数25程度である。単純に原子が存在する濃度としては同じであるが，直感として空間体積が小さくなると空気の連続体としての取り扱いが難しいことが想定できるであろう。このイメージを図2に示す。マイクロサイズ中空粒子では内包される空気は通常の大気のような連続体としてのふるまいをするだろうと思

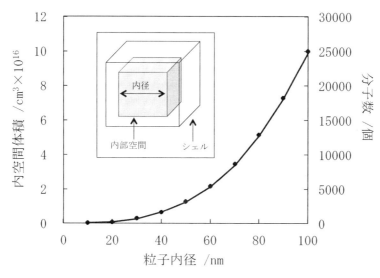

図1　中空粒子内空間に含まれる空気の分子数

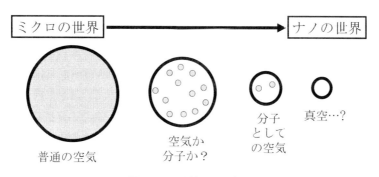

図2　サイズ効果の概念図

われる。また，小さなナノサイズ中空粒子では，確率的に擬似的真空ができる可能性がある。これはかなり極端な考えであるが，空気はもはや連続相としての性質は失われてもおかしくない。これらの境界を正確に説明することは難しいが，空気の平均自由行程，対流，表面ポテンシャルの観点から考察することができる。常温常圧での空気の平均自由行程は約70 nmである。シェルによる制限された空間の直径を考えると平均自由行程の2倍以下の直径では何らかの影響があると考えられる。つまり約140 nm以下の空間に閉じ込められた空気は大気下の空気とは異なり，運動が制限されていることが予見できる。したがって，このサイズ以下では，通常の大気のような連続相としての空気とは違った性質となることが予想できる。さらに，小さな中空粒子に内包された空気の対流は自由空間における空気と異なるであろう。また，ナノサイズ中空粒子の内部体積に対して内部表面積の比率は高い。したがって，シェル内側の表面ポテンシャルが内包する分子を吸着するなど，分子運動になんらかの影響を与える可能性がある。これは内空間体積が小さい，すなわち粒子サイズが小さいほど効果が高い。これらのことは，ナノサイズ中空粒子に特異な性質を発現させる可能性を高めていると思われる。このようなナノサイズ化した中空粒子の断熱性は飛躍的に増加するのではないかという興味のもと，透明断熱フィルムの研究に邁進した。

3.2.2　ナノ中空粒子合成の開発

　中空粒子の形を作るシェルが無機物である中空粒子を無機中空粒子と呼ぶ。無機中空粒子の合成には中空部分の形成になんらかのコアをテンプレートする方法がある。テンプレートして除去可能な粒子を用いる粒子テンプレート法，液体をテンプレートとするエマルジョンテンプレート法，ガスがテンプレートとなっているバブルテンプレート法などの報告がある。ここでは，ナノサイズの中空粒子合成やユニークな形状が得られる粒子テンプレート法について説明する。

(1)　有機粒子テンプレート法

　まず，ナノサイズ無機中空粒子の合成に最もよく用いられている有機粒子テンプレート法について紹介する。本法はゾルゲル法による無機中空粒子合成として1990年にKawahashiらの研究グループによって報告された[7]。その後，コア粒子の界面制御などの合成プロセスの改良に加えられ，現在ではナノサイズ中空粒子合成の基本的な方法として位置づけられている。本方法の特徴は，中空構造のテンプレートとして有機粒子を使うことにある。有機コア粒子の周りに表面電荷により選択的に粒子のシェルとなる素材を析出させることでコア／シェル粒子（コーティングされた粒子）を得る[8]。次に，コア／シェル粒子は，ろ過・乾燥後，有機コア粒子が除去され中空粒子となる。テンプレート粒子としてポリスチレン（PS）が多用されているが，除去可能なテンプレートであれば何でも使用可能である。本法で報告されている中空粒子としては，シリカ[4,5]，硫化亜鉛[5]，硫化カドミウム[10]などがある。中空粒子コア粒子の除去方法としては，熱分解法（燃焼法）と化学分解法がある。図3は本法の概念図である。次に，本法で合成された中空粒子について紹介する。

　Carusoら[4]はこの方法によって調製した中空シリカとシリカ／ポリマー粒子について報告して

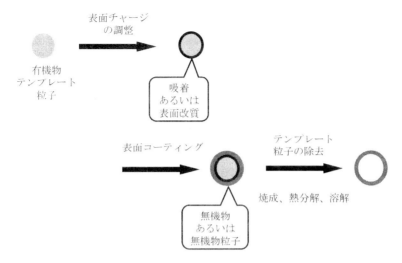

図3　有機粒子テンプレート法

いる。最初のステップは負にチャージした PS 粒子上へのポリマーフィルムの析出である。この
フィルムは滑らかさとシリカの付着を促進するために正にチャージした表面を供給する。シリカ /
ポリジアリルジメチルアンモニウムクロライド（PDADMAC）の多層膜はシリカと PDADMAC
の交互吸着によって形成される。テンプレートである PS ラテックスコアポリマー粒子は，
500℃で焼成分解することにより取り除かれている。これにより PS 粒子形状が内部にテンプレー
トされた中空粒子が得られている。

　本法で硫化物の合成も試みられている。Song ら[9]は PS/メチルアクリル酸（PSA）ラテックス
の有機コアを持つ CdS とシリカ /TiO_2 コンポジット中空粒子を調製している。また，同様な方
法で Yin ら[6]は ZnS 中空シェルを調製している。

(2)　無機粒子テンプレート法

　有機粒子テンプレート法の欠点の一つは，有機粒子を除去するプロセスにおいて環境負荷が大
きいことである。PS 粒子を用いた場合，溶解除去にはトルエンなどの有機溶媒が用いられ，大
量の有機廃液を生むことになる。また，燃焼法で PS 粒子を除去する工程では大量の CO_2 ガスや
その他有害ガスが発生することとなる。そこで，我々はこれらの諸問題を解決してナノ中空粒子
が環境面，コスト面からも工業的な使用に耐えうるよう考案したのが図4に示す無機粒子テンプ
レート法である[10]。コア表面にゾルゲル法を用いてシェル原料をコーティングし，コア粒子を溶
解除去することによって中空構造を得る。ナノサイズの炭酸カルシウムをコア粒子として利用し
た場合，そのコア粒子除去には塩酸などの無機酸を用いることが可能である。廃酸水溶液である
塩化カルシウム水溶液および溶解時に生成する CO_2 は再び炭酸カルシウム合成原料として用い
ることができる。このように，無機粒子テンプレート法は有機粒子テンプレート法と比較して環
境低負荷プロセスの構築が容易である。無機テンプレート法のもう一つの魅力は，有機粒子テン

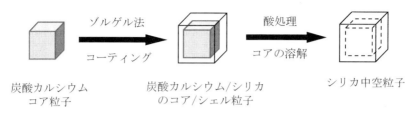

図4　炭酸カルシウムをコア粒子とした無機テンプレート法によるシリカ
中空粒子の合成の概念図

プレート法ではなし得なかったユニークな形状の粒子合成が可能であることである。PSをはじめとした多くの有機粒子は乳化重合等により合成されるため，球形が多い。一方，無機粒子の場合には結晶面の界面エネルギーの違いから合成条件により特有の晶癖をもつ。特に炭酸カルシウムは，カルサイト，アラゴナイト，バテライトの結晶形をもつ多形であることから，わずかな合成条件の違いで，種々の粒子形状が得られる[11]。また，シェルコーティング時の条件を変えることによってシェル微構造の制御が可能である。例えば，界面活性剤（CTAB）によりシェル内にメソ細孔を生成させる手法や[12]，ゾルゲル反応条件（pH，時間など）の調整によるシェルみかけ密度を制御する手法[13]を報告している。

3.3　ナノ中空粒子の化学的な分散技術

　ナノ中空粒子を用い透明断熱フィルムの開発には，上述したような断熱性に特化したナノ中空粒子の設計と，無機粒子テンプレート法により合成した中空粒子[10~12]をフィルム中に高充填，高分散させる技術が必要となる。ナノ粒子は表面エネルギーが高く，有機溶剤や樹脂マトリックス中で凝集体を形成する。ナノ中空粒子も同様である。これを所望のサイズまで分散させ，分散性を保持したまま複合フィルムとする表面処理法を開発した[14~16]。

　有機溶剤中や樹脂マトリックス中でナノ粒子を分散させるためには，ナノ粒子表面がマトリックスと分子レベルで濡れ性が向上するような表面処理が必要となる。そこで，ナノ粒子表面に，マトリックスライクとなるような有機分子鎖を枝分かれ構造を持つように導入することで，より広いポリマーブラシとマトリックスの界面が得られ，大きな相互作用が得られると考えた。

　マトリックスとして用いたポリウレタン（PU）は，ウレタン結合を持つポリマーの総称で，断熱性，透明性にも優れた熱硬化性樹脂である。一般的に，イソシアネート（NCO）基と水酸（OH）基を有するモノマーの縮合反応によりウレタン結合を形成し，各官能基を2つ以上持つ様々な多官能モノマーの組み合わせによって所望の性質を持つPUを合成することができる。分散粒子としてナノシリカ粒子を用いた。図5に示すように，ナノシリカ粒子表面にNCO基を有するシランカップリング剤（ICPTES）を用いてNCO基を導入した。次に，NCO基と反応するOH基含有モノマーとしてトリスヒドロキシメチルアミノメタン（TOAM）を加え，縮合反応させた。その後，NCO基含有3官能モノマーであるジフェニルメタンジイソシアネート（MDI）

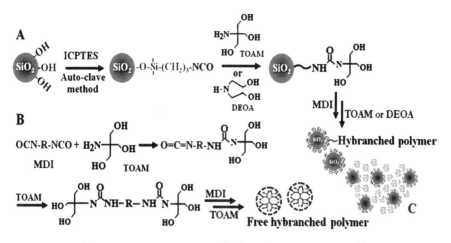

図5　PUマトリックスへの分散性を目的とした表面処理法[16]

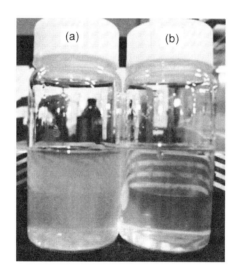

図6　シリカ粒子/DMAc分散液の概観
(a)ハイパーブランチ構造導入前，(b)ハイパーブランチ構造導入後のシリカ粒子[16]

を用いて，さらにグラフト構造を持たせたMDI-TOAM-NCO-改質粒子を得た。このような表面改質を施したナノシリカ粒子を，PU反応溶媒であるジメチルアセトアミド（DMAc）中に分散させると，図6に示すように，未改質粒子分散液と比較して目視でも分散液の透明性が向上していることがわかり，改質により分散性の向上が確認できた。

3.4 ナノ中空粒子を用いた透明断熱フィルムの開発

　上述のように，断熱性に特化したナノ中空粒子の合成およびこれを分散させる技術を用い，ナノ中空粒子含有フィルムを作製した。厚さの異なる複合フィルムを基板上に作製し，熱流計法により算出した全熱抵抗値とフィルム厚のプロット傾きを熱伝導率とした。その結果，10 wt%ナノ中空粒子含有フィルムの熱伝導率は 0.03 W/m·K であった。汎用 PU の熱伝導率は約 0.30 W/mK であり，ナノ中空粒子を PU に分散させたことでフィルムの熱伝導率を 1/10 に低減することができたといえる。得られたナノ中空粒子含有フィルムはフィルム中に熱伝導率の高いシリカが混合されているにも関わらず，バルク空気の熱伝導率（0.026 W/mK）に匹敵する高い断熱性をもつといえる。また，石英基板上に作製したナノ中空粒子含有フィルムの可視光波長透過性を測定したところ，約 90%の透明性を示すことがわかった。

　パートナー企業の協力を得て，大面積フィルムを作製し，断熱性実証試験を多治見市で行った。多治見市は 2007 年に当時最高気温であった 40.9℃ を記録した暑い町であり，断熱性試験にはふさわしい。2010 年のある夏の晴れた日の朝 6 時から翌朝 6 時までの 24 時間，フィルム未施工，施工部屋でエアコンを作動させ，部屋内温度と日射量を測定した。部屋の床面積および窓面積は同じである。24 時間のエアコン電力消費量は，未施工部屋で約 8 kWh，施工部屋で約 6 kWh であり，フィルムを施工したことにより約 25%のエネルギーを削減することができた。

3.5 おわりに

　ここではナノサイズ中空粒子を含有するフィルムの応用例としてビルや家屋の窓に使用する透明断熱フィルムについて紹介した。今後も粉体技術の研究はもちろん，産官学連携をさらに強固にし，中空粒子の研究開発を進めたいと考えている。

文　　献

1) T. Tani,, *R & D Review of Toyota CRDL*, **34**, 11 (1999)

2) H. Toda, H. Kagajo, K. Hosoi, T. Kobayashi, Y. Ito, T. Higashihara and T. Gohda, *Zairyo*, **50**, 474-481 (2001)

3) J. Park, , C. Oh, S. Shin, S. Moon and S. Oh, *J. Colloid Interface Sci.*, **266**, 107-114 (2003)

4) D. Walsh, , B. Lebeau and S. Mann, *Adv. Mater.*, **11**, 324-328 (1999)

5) F. Caruso, R. A. Caruso and H. Mohwald, *Science*, **282**, 1111-1114 (1998)

6) J. Yin, , X. Qian, J. Yin, M. Shi and G. Zhou, *Mater. Lett.*, **57**, 3589-3863 (2003)

7) N. Kawahashi, E. Matijevic, *J. Colloid. Interface Sci.*, **138**, 534-542 (1990)

8) G. Decher, *Science*, **277**, 1232-1234 (1997)

9) C. Song, G. Gu, Y. Lin, H. Wang, Y. Guo, X. Fu, Z. Hu, *Mater. Res. Bull.*, **38**, 917-924 (2003)

10)　特許第 4654428 号

11)　Masayoshi Fuji, Takahiro Shin, Hideo Watanabe, Takashi Takei, *Advanced Powder Technology*, **23** (**5**), 562-565 (2012)

12)　R. V. Rivera-Virtudazo, M. Fuji, C. Takai, T. Shirai, *Nanotechnology*, **23**, 485608 (2012)

13)　Chika Takai, Hideo Watanabe, Takuya Asai, Masayoshi Fuji, *Colloids and Surfaces A : Physicochemical and Engineering Aspects*, **404**, 101-105 (2012)

14)　Chika Takai, Masayoshi Fuji, and Minoru Takahashi, *Colloids and Surfaces A : Physicochemical and Engineering Aspects*, **292**, 79-82 (2007)

15)　Lianying Liu, Hideo Watanabe, Takashi Shirai, Masayoshi Fuji, Minoru Takahashi, Grafting hyperbranched polyurethane onto silica nanoparticle via one-pot "A2＋CBn" condensation approach to improve its dispersion in polyurethane, *Colloids and Surfaces A : Physicochemical and Engineering Aspects*, **396**, 35-40 (2012)

16)　Lianying Liu, Hideo Watanabe, Takashi Shirai, Masayoshi Fuji, Minoru Takahashi, A designed surface modification to disperse silica powder into polyurethane, *Journal of Applied Polymer Science*, **126**, E522-529 (2012)

4　アルミニウム防食膜

藤　正督[*1]，高井千加[*2]

4.1　はじめに

　ナノテクノロジーの発展とともに，ナノオーダーで粒子構造を制御できるようになった。著者らが開発したナノシリカ中空粒子もそのひとつである。内部が空洞で外部空気と遮蔽されたユニークな構造を持つことで，断熱性，絶縁性などの機能が期待される。それぞれの機能に特化した中空粒子を設計しポリマー膜中に導入することで，透明断熱膜[1]やアルミニウム防食膜[2]などの高機能複合材料を開発した。透明断熱膜の熱伝導率は空気と同等の 0.026 W/m·K を示し，実証試験により約 25％エアコンの消費電力量を削減できることを確認した。本稿では，ナノ中空粒子複合防食膜の研究開発成果を挙げ，高機能発現の鍵となるナノテクノロジーを紹介する。

4.2　高機能を引き出すナノテクノロジー

　開発した防食膜に導入したのは，図1の電子顕微鏡写真に示すような内部が空洞で無機物の層（＝シェル）で覆われたナノサイズの中空粒子である。シェル内部空間が外部空間と遮蔽されていることが高機能発現の1つのポイントである。ナノサイズのシェル内部空間に存在する空気分子の挙動が大気中のそれとは異なり，疑似的な真空状態が成り立つのではないか。ナノサイズ化した中空粒子の絶縁性は飛躍的に増加するのではないかという興味のもと，経済産業省の支援を

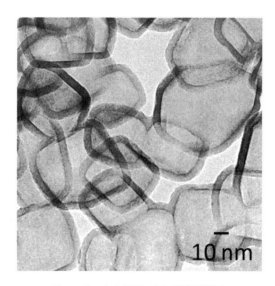

図1　ナノ中空粒子の電子顕微鏡写真

＊1　Masayoshi Fuji　名古屋工業大学　先進セラミックス研究センター　教授

＊2　Chika Takai　名古屋工業大学　先進セラミックス研究センター　特任助教

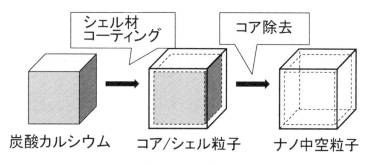

図2　無機粒子テンプレート法

受けクロムフリー高性能防食膜の実用化を最終出口とした研究開発を始めた。

　ナノ中空粒子の合成法は主にテンプレート法が用いられ，テンプレート表面にシェル材をコーティングし，化学的処理でテンプレートを除去し中空構造を得る。テンプレートに有機ビーズを用いる方法は，除去工程に有機溶剤や熱分解が必要となり，環境負荷が大きい。そこで著者らが，ナノ中空粒子が環境面，コスト面からも工業的な使用に耐えうるよう考案したのが図2に示す無機粒子テンプレート法である[3]。炭酸カルシウムナノ粒子をコアとする場合，コア粒子除去に塩酸などの無機酸水溶液を用いる。廃酸水溶液及び溶解時に生成するCO_2は再び炭酸カルシウム合成原料として用いることができる。このように，無機粒子テンプレート法は有機粒子テンプレート法と比較して環境低負荷プロセスの構築が容易である。また，有機粒子は乳化重合等により合成され球形が多いのに対し，無機粒子は結晶面の界面エネルギーの違いから合成条件により特有の晶癖を持つ形状が現れる。特に炭酸カルシウムはカルサイト，アラゴナイト，バテライトの多形を持つことから，立方体，球状，ロッド状など種々の形状が得られ，これらをコアとして合成したナノ中空粒子は，コア形状を模倣したものとなる[4]。

4.3　アルミニウムの腐食

　アルミニウムは，平坦な面では表面の酸化（不動態）膜のため自然腐食は起こり難いが，不動態膜が侵食されて一旦孔食などの腐食が始まると，短時間で侵食される。よって後述するクロメート処理などの化成処理で防食膜を生成させることが必要となる。また，イオン化傾向の異なる金属同士を接触させると，どちらかの錆の発生が顕著になることが知られているように金属接触における電食などのリスクもある。イオン化傾向から見れば鉄よりアルミニウムの方が卑なる金属になるため，アルミニウムの方が鉄やSUSより腐食されやすいということになる。よって，保護膜に傷が付き，酸やアルカリが内部に入ると深く侵食される。

　アルミニウムの腐食を抑えるためには，被覆膜の密着性がよく，傷が付かないように硬度を持つことが第一条件といえる。さらに，絶縁性を持たせることが後述するナノ中空粒子含有塗膜での防食コンセプトとなる。ナノシリカとポリマーの複合化は硬度，強度をともに上げることができる。また，ナノ粒子であることから，塗膜厚みは数十ミクロンと薄く作製できることから，つ

き廻り性がよく密着性が向上することも期待できる。さらに，中空粒子が内包する空気は絶縁性であるため，得られた複合材料は高抵抗膜となり得る。

4.4　従来のクロメート処理による防食技術

　軽くて加工性に優れたアルミニウムは，構造材料やアルミホイールなどとして多く使用されている。アルミニウム表面の防食表面処理として実用化されている技術として，化成処理法がある。化成処理は処理液とアルミニウムとの化学反応を利用して，アルミニウム表面に化成皮膜を形成する方法である。アロジン処理やアルクロム処理としても知られるクロメート処理など，耐食性と塗装密着性が優れた化成処理が各種の用途に実用されている。

　クロメート処理はクロム酸塩溶液（あるいはクロメート処理液）を用いて行う。クロム酸塩は金属を不動態化させる働きを持っており，不動態化した金属層が金属素材の表面に生成することで金属製品の防錆性が飛躍的に向上する。さらに，クロメート皮膜は自己修復性を持った酸化皮膜であることも特徴で広く普及した要因の一つともいえる。処理直後には金属表面がゲル状の状態となっているため，60℃程度で乾燥させることでクロメート皮膜が形成される。なお，この溶液は従来六価クロムを用いていたが，欧州のELV指令（使用済み自動車に関するEU指令），RoHS指令（電気電子機器に含まれる特定物質の使用制限に関する指令）で使用禁止物質あるいは非含有物質として六価クロムが指定されたことから，現在では環境への影響を考慮して三価クロムへの移行が完了している。アルミホイールなどではクロムの脱落を懸念して有機物のオーバーコートが現状でも施されている。

　クロメート処理の特徴の第一は，その厚さに対する耐食性の効率が挙げられる。物理的な手段である塗装と比べて，クロメート処理は薄い皮膜で高い耐食性を確保することができる。前述したとおり，クロメート処理によって得られた皮膜は自己修復性を持つ。クロメート皮膜は非常に薄いため，物理的，化学的要因によって容易にその不動態化皮膜が破壊されるが，皮膜中の六価クロムイオンが移動して自己修復をするとされている。この自己修復効果により他の皮膜と比べて優れた耐食性を示す。しかし，三価クロムへの移行が完了した現在，自己修復性は望めない。そこで，クロムを使わない，クロムフリーの防食技術の開発が望まれるようになった。

4.5　防食評価としてのキャス（CASS）試験概要

　キャス試験とは促進耐食性試験のひとつで，メッキや塗装などの表面処理や材料の耐食性を調べる試験である。メッキ及び塗装の耐食性試験は，本来腐食の経過を実際の使用環境で長時間かけてモニタリングするのが最適であるが，短時間でそれらを予測するために様々な「腐食加速試験法」が採用されるようになった。自動車部品など厳しい腐食環境下で使用されるニッケル－クロム系のめっき製品の評価によく適用される。プラスチック上のめっき製品では密着性の評価，塗装・表面処理の耐久性，アルミニウムなどの金属の耐食性試験などで威力を発揮する。

　アルミニウムのキャス試験は，サンプルの腐食（さび）具合を調べるための環境試験である。

表1　JIS Z 2371（キャス試験）の条件

試験液	塩化ナトリウム	50 ± 5 g/L
	塩化銅（II）	0.205 ± 0.015 g/L
	pH	$3.1 \sim 3.3$（酢酸酸性）
噴霧室内温度	50 ± 2℃	
噴霧量	1.5 ± 0.5 mL/h（80 cm^2）	
噴霧	噴霧塔方式	
試験槽の大きさ	奥行 60 cm×幅 86 cm×高さ 22 cm	

試験には，酢酸を用いて酸性（pH 3.1〜3.3）にし，さらに塩化銅を加えた塩化ナトリウム水溶液を用いる。同様の試験である中性の食塩水を用いた試験に比べ，腐食促進試験として効果的で，短い試験時間で評価することが可能である。いいかえれば，通常の塩水噴霧試験よりも過酷な条件である。塗装，メッキ，防錆油等の防錆処理や表面処理を施した材料の耐食性を加速的に評価できる。具体的には，温度制御された試験槽の中に試料をセットし，酢酸と塩化銅（II）を加えた塩水を噴霧ノズルにより霧状にし，試料表面に降らせる方法で，一定時間後試料を取り出し，表面の状態を観察することにより処理材料や処理技術等の評価を行う。JIS Z 2371（キャス試験）に準拠した場合の条件は表1の通りである。

4.6　ナノ中空粒子含有防食塗料の展開

　ナノ中空粒子をポリマーと複合化させるにあたり，粒子をポリマーまたは前駆体溶液に分散させる必要がある。しかし，中空粒子に限らずナノ粒子の凝集性は強い。著者らは，粒子表面とポリマーとの界面エネルギーを減少させる分子レベルでの改質法を考案した。本手法を用いて透明性の高い複合膜を得ることができ，下地となる材料の色やデザインを損なうことなく防食性能を発揮することができるといえる。

　複合膜の防食性を確認するため，エアーブラスト処理したアルミニウム板上に膜厚約 15 μm で防食性複合膜を形成させ，キャス試験を実施した。図3に示すように，240 時間後も表面腐食痕が全く見られず，非常に優れた防食性能を示した。従来のクロメート処理によるアルミニウム防食処理に代替え可能であるといえる。

　従来のクロメート処理防食では，クロムの脱落を防止するため 100 μm 以上の有機塗料によるオーバーコートが必須である。一方，本法で防食が機能する塗膜厚はその 10 分の 1 程度である。したがって，塗料使用量も従来の 10 分の 1 以下に削減することができる。塗料に含まれる有機溶剤の大気中への拡散量を大きく減量できるほか，乾燥が容易であることから生産ラインが短縮できるメリット，乾燥に要するエネルギー削減，CO_2 をはじめとする地球温暖化ガスの排出量を大きく削減できるなど多くのアドバンテージがある。

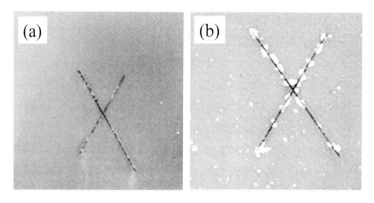

図3　キャス試験240時間後の結果：(a)ナノ中空粒子含有防食膜，
(b)中実粒子防食膜

4.7　成功を支えた分散技術

　アルミホイルの防食塗料として使用する場合には，透明性が重要である。透明な塗膜となるナノ中空粒子含有膜を得るためには，塗料中に安定分散させる必要があり，化学的な表面処理が必須であることは間違いない。ただし，これだけでは良質な分散状態を得ることができない。すなわち機械的な分散なくしては，ナノサイズ粒子の良分散には到底到達できない。機械的な分散の努力は二つある。一つは，前述した様な表面改質粒子を各種溶媒に分散させる努力である。これは，超音波装置，湿式ジェットミル，ビーズミル，高速回転せん断場で分散させる装置などを用いる。これらは今やナノ粒子分散には常識的に用いる装置であり，各装置メーカーのホームページでも多くの事例が紹介されている。この分散装置や化学的な表面改質の前に必要な分散技術がある。これがもう一つの機械的な分散の努力である。合成した中空粒子の乾燥である。中空粒子に限らず，多くの無機系ナノ粒子が水系で合成される。これをポリマー等に分散させるために各種溶媒中への分散や化学的表面改質を行わねばならず，溶媒置換を行う必要がある。実験室的には乾燥せずに少しずつ溶媒を入れ替えることも可能であるが，工業レベルでは非効率であり，現実味がない。通常のミクロンサイズの粒子であれば，乾燥して合成溶媒を除去し，目的の溶媒に再分散させることを考える。ところが，ナノ粒子の多くの場合，乾燥の段階で，液架橋，固体架橋の影響で硬い凝集を生じ二度とナノ粒子に再分散できない状態に陥る。よって，乾燥段階で硬い凝集を作ることなく乾燥させる乾燥分散技術が必要になる。フリーズドライでもこれを達成できる可能性があるが，大量処理には効率が悪すぎるため向かない。我々は図4の様な振動流動分散機を用いてこれを解決した。スラリーを振動乾燥させ，液分が少なくなってきたところで熱風をふきかけ，乾燥粉をエアロゾルとして系外に排出し，これを捕集する仕組みである。近年ではこれを発展させた乾燥機が製造され，ナノ粒子乾燥に一役買っている。地味な技術であるが，いち早く透明断熱膜を作製したキーテクノロジーの一つである。

　ここで使用した無機テンプレート法で合成されるナノシリカ中空粒子について具体的な使用方

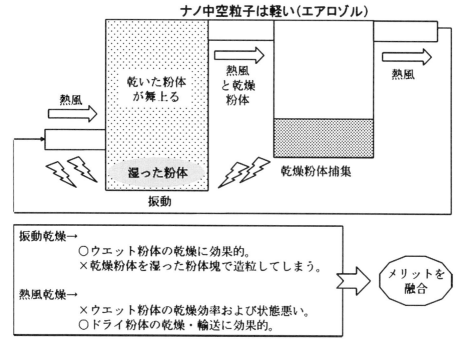

図4　振動流動分散機の概要

法を紹介する。前述したように湿式合成である。合成プロセスやその後の材料開発の簡便化や輸送コストを考えると乾燥粉として製品化することが望まれる。しかし前述したように，ナノ粒子は凝集しやすい。特に今回用いたシリカの場合，一度水系で合成あるいは処理した粉体を乾燥させると固結が起こり，固いケーキあるいはシリカのブロックとなる。これはシリカが親水性であることとナノシリカからの溶解物が乾燥時に固体架橋を形成することによる。本研究開発においてこれらを解決することは必須の課題の1つであった。既存の振動乾燥技術では，乾燥した粒子が未乾燥粒子の塊表面に付着してしまう。このまま乾燥させた後，再解砕して使用することは非常に困難である。そこで，図4のコンセプトのように，振動乾燥時に乾燥した粒子に乾燥空気を吹き付け，分離捕集することを連続的に行う装置を作製した（図5）[5]。原理的には水溶媒以外の有機溶媒系でも運転可能であることも特徴である。運転条件を決めればナノ粒子をナノ粒子として乾燥捕集可能である。このように，本研究は粒子合成技術，防食塗料化の分散技術，ナノ粒子乾燥のプロセス技術といった粉体技術の総合的な成果といえる。

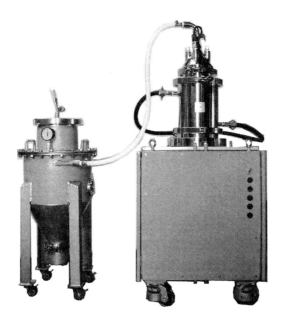

図5　開発した振動流動分散機

4.8　おわりに

　ここではナノシリカ中空粒子を含有する防食複合膜の研究開発について紹介した。ナノ粒子が持つ機能性を最大限に発現させるためには，粒子合成はもちろん，分散，塗料化などの粉体技術は欠かせない。防食性能を追求するなかで，ナノ粒子コーティングの"滑り止め"機能という予想しえない発見もあった。これは 2009 年の北京五輪の公式バレーボール球に採用された。効果が認められ，2012 年のロンドン五輪，2016 年のリオ五輪でも使用された。現在はナノ中空粒子の新たな魅力を引き出そうと研究に邁進している。

文　　　献

1)　高井千加，藤　正督，藤本恭一：粉体工学会誌 49 (12), 896-900 (2012)
2)　藤本恭一，林　宏三，藤　正督，田辺克幸，星野希宜，防食膜及び防食塗料，特許第5186644 号
3)　Masayoshi Fuji, Chika Takai, Yoshie Tarutani, Takashi Takei and Minoru Takahashi：*Advanced Powder Technology*, **18** (1), 81-91 (2007)
4)　Masayoshi Fuji, Takahiro Shin, Hideo Watanabe, Takashi Takei：*Advanced Powder Technology*, **23** (5), 562-565 (2012)
5)　藤　正督，高橋　実，清川英明，安江幸七郎，岡田康孝，固液分散系の乾燥処理方法，特許第 5277470

5 湿式外断熱躯体保護防水仕上げ材 「ドリームコート」について

中村皇紀*

5.1 背景

　温暖化現象が地球環境問題として取り上げられてから十数年が経つが，消費者も環境問題への関心が高くなっており，現在では「環境配慮」というキーワードが当たり前となっている。産業界も，近年では環境に配慮した商品を重点的に開発しており，おもなポイントとして，①環境や健康に対する負荷の低減，②廃棄時の環境汚染の抑制，③資源循環性（材料のリサイクル），④経済性・省エネ，⑤高耐久性によるLCC（ライフサイクルコスト）の低減などが挙げられる。塗料業界では，環境負荷低減として塗料の水性化及び高耐久性を進めてきた。

　一方で，住宅産業においては量から質の時代に移行しており，住宅の資産価値向上を図るためにリフォーム及びリニューアルの必要性が高い。リフォーム市場としては2014年で6兆円規模となっており（図1），今後も堅調に推移していくと思われる。

　従来，日本の木造住宅は高温・多湿となる夏を快適に過ごすことを主眼としており，冬は寒気が入りやすい構造となっていた。最近は冷暖房の普及と高気密・高断熱構造となり，居住者は快適に過ごせるようになったが，断熱工法としては，コストの面から断熱材を壁の中に設置する内断熱工法が多い。これに対して，断熱材が構造壁の外側に適用される外断熱工法は，従来の内断

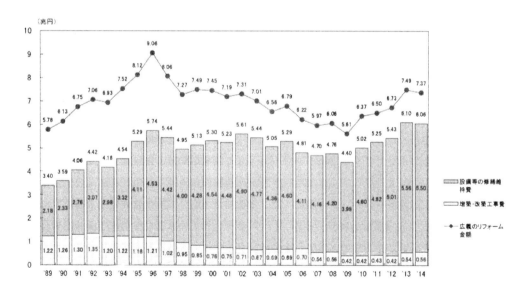

注）①「広義のリフォーム市場規模」とは，住宅着工統計上「新設住宅」に計上される増築・改築工事と，エアコンや家具等のリフォームに関連する耐久消費財，インテリア商品等の購入費を含めた金額を言う。
②推計した市場規模には，分譲マンションの大規模修繕等，共用部分のリフォーム，賃貸住宅所有者による賃貸住宅のリフォーム，外構等のエクステリア工事は含まれていない。
③本市場規模は，「建築着工統計年報」（国土交通省），「家計調査年報」（総務省），「全国人口・世帯数・人口動態表」（総務省）等により，公益財団法人 住宅リフォーム・紛争処理支援センターが推計したものである。

図1　住宅リフォームの市場規模

＊　Koki Nakamura　関西ペイント販売㈱　建築塗料販売本部

表1 断熱工法の比較

	内断熱工法	外断熱工法
断熱材の位置	躯体の内	躯体の外
室内側の熱容量	△ 小	○ 大
暖房停止後の温度変化	△ 急激	○ 緩やか
断熱材の連続性	△ 不連続	○ 連続
熱の出入り	△ 大	○ 小
内部結露	△ 発生する	○ ほとんどない
躯体のひび割れ	△ 発生する	○ 防止（保護）する
外壁の意匠性	○ 意匠性あり	△ 意匠は別な材質
コスト	○ 安価	△ 高価

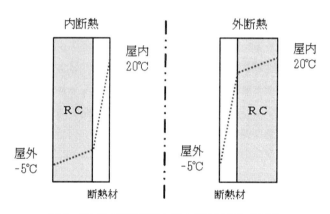

図2 各工法の構造概要と壁内の温度変化（破線）

熱工法に比べて外的温度応力による構造躯体の劣化の緩和（建物の長寿命化）や壁内結露の抑制（ダニ，カビの発生抑制），優れた保温性（省エネ）などが長所として挙げられるが，改修での工事が一般に乾式工法となり，高コストという欠点がある。

　こうした背景，市場ニーズから，関西ペイントでは1998年に湿式の外断熱工法として「Ｚウォール」を上市し，市場に提案してきた。「Ｚウォール」は断熱性，防音性に優れているが，上塗りが必要であることと，塗膜が厚い（2回塗りで5mm，通常の塗膜は数十μm）ため，施工が吹きつけとコテ塗りに限定される専門性の高い材質である。そこで，「Ｚウォール」の断熱性はそのままで，躯体の保護機能に優れる防水型仕上げ塗り材「ドリームコート」を2001年に上市し，現在に至っている。本稿では，「ドリームコート」のその特徴と性能について紹介する。

5.2　塗膜に中空微粒子を導入する効果について

　中空微粒子を塗料に導入するメリットとしては，①塗料（塗膜）の軽量化，②塗膜中に空気層を導入できることが挙げられる。他にも光拡散によるつや消し効果もある。

　例えば，単層弾性（主材と上塗材が同一の材質）つや消し塗料の比重は1.5 kg/L（弊社製品アクアビルドつや消）であるが，「ドリームコート」の塗料比重は0.7 kg/Lであり，写真1のように，「ドリームコート」は水に浮く。

　塗料の軽量化により，施工性が優れることも特長である。「ドリームコート」での標準となる砂骨ローラーでの塗装は，他の弊社仕上げ材に比べてハンドリングが軽い他，パターン出しや厚塗り性に優れる。容器も軽いため持ち運びが楽で，作業者への負担も少ない。

　また，塗膜中に空気層を導入できる事で塗膜に断熱性を付与することができる。空気の熱伝導率は0.0241 W/m・Kという非常に小さな値であるが，通常は対流によって容易に熱を伝達してしまう。しかし，塗膜中で固定された中空粒子内部の空気層は対流が抑えられ，結果として伝熱が抑制される。この時の粒子径は小さい方が望ましく，数は多い方が望ましい（図3）。

　実際に塗料へ中空微粒子を導入する場合は，以下の点を考慮する必要がある。すなわち①製造中に粒子が破壊されないこと，②貯蔵中に分離しないこと，③代表的な塗装用具であるローラーでの塗装が可能なこと，④一般的な塗膜の性能を満たすこと，である。

　中空微粒子は多孔質のものと単孔質のもの（図4）があり，それぞれ無機系と有機系のものがある。無機系は火山灰を原料としたシラスバルーンや，セラミック系バルーンなどが挙げられる。シラスバルーンは昔からある材料であり，安価であるが，粒子径を揃えたり，粒子径を小さくす

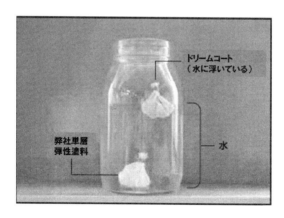

写真1　「ドリームコート」と単層弾性つや消し塗料の比較

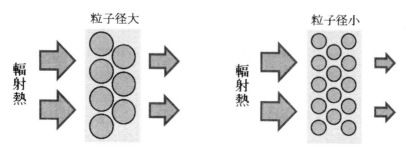

図3　空気層による断熱性のイメージ

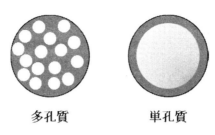

多孔質　　　　　　単孔質

図4　中空粒子の構造イメージ

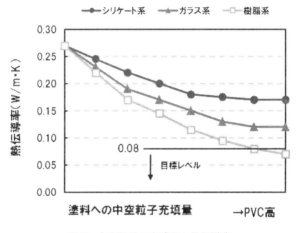

図5　中空粒子の充填量と熱伝導率

ることは難度が高い。また，大きさによっては撹拌時に破壊されてしまうという問題点もある。セラミック系バルーンは有機系の粒子に比べ，耐熱性，耐久性は高いが高コストである。

　有機系の微粒子（中空ポリマー微粒子）は，粒子径分布が無機系に比べ狭く小粒子径化も可能であるが，膨張時のコア成分の回収など，製造時におけるコストは高い。また，比重が小さいため，塗料での分散安定化が懸念される。これらの特徴を考慮し，塗料への展開を行った。各種中空微粒子の塗料への充填量と熱伝導率の関係は図5のようになった。目標とする熱伝導率は「Zウォール」と同じ 0.08 W/m・K とする。

　無機系の中空微粒子（天然シリケート系，ガラス系）では，塗膜を形成し得る範囲で充填量を増やしても，目標の熱伝導率を確保できないことが確認された。有機系（樹脂系）の中空粒子では，一定量を配合することで目標レベル（0.08 W/m・K）を達成することが確認された。有機系の中空微粒子は，原材料である高分子化合物も重要な要素であり，検討を重ねた結果，耐候性と耐久性に考慮した品質を選定した。

　図6は，様々な素材と塗膜の熱伝導率を示したものである。一般的にセメントモルタルやコンクリートは熱伝導率が高く，外部からの温度（熱）の影響により，膨張・収縮の応力が材質へかかりやすい。そのため塗装により躯体を保護する必要があるのだが，通常の単層弾性塗料では十

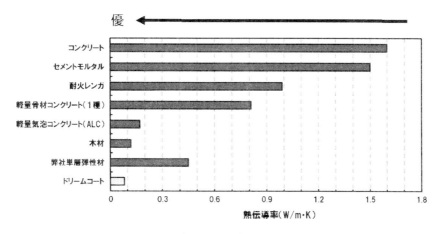

図6　各素材と塗膜の熱伝導率

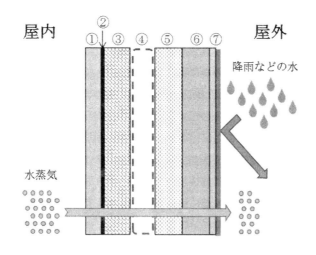

①石膏ボード　②防湿シート　③断熱材
④空気層　⑤木ずり　⑥モルタル　⑦塗膜

図7　外壁の構造例と透湿性，防水性のイメージ

分な断熱効果が得られない。「ドリームコート」は熱伝導率が0.08 W/m・Kと非常に小さい（軽量気泡コンクリートよりも小さい）ため，十分な断熱効果が得られたといえる。

5.3　「ドリームコート」の透湿性と耐水性について

　屋内に生じる湿気は，ダニやカビの他に腐朽菌の発生を招き，壁面のみならず建物の耐力（木材やRC材）に及ぼす影響は大きい。このため外壁の仕上げ材には湿気を外部に放出させる機能，すなわち透湿性が求められる。一方で外部から浸入する水（降雨など）に対しては，防水性が重要となる（図7）。

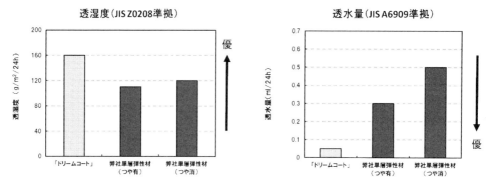

図8　塗膜の透湿度（左）と透水量（右）

　図8は，塗膜の透湿量と透水性を示したものである。比較として弊社単層弾性塗料の塗膜（つや有，つや消）を挙げる。透湿量は，一般的に塗膜の顔料濃度が高くなると上昇する。顔料濃度はつや消の方が高いため透湿量は高くなる。一方で防水性は，塗膜が水を遮断する能力であり，塗膜の透水量が少ないほどよい。顔料濃度が高いつや消塗料は，透湿性はよいが，透水性もまた大きくなる。「ドリームコート」は，単層弾性塗料同等の透湿性を示し，つや有塗料よりも優れた防水性を兼ね備えた外装仕上げ材であることがわかる。

5.4　「ドリームコート」の外断熱効果について

　内断熱構造（一般外壁塗装）の場合，室内外の温度差条件によっては壁内の断熱材外側表面から木ずり，モルタルにかけて温度変化が大きくなり，部材表面での水蒸気圧が飽和水蒸気圧を上回るため結露が発生する。このような現象は壁内結露と呼ばれ，見た目ではわからないため大きな問題となる。

　図9は，屋内（25℃）と屋外（−5℃）における，各部材の水蒸気圧と飽和水蒸気圧を表したものである。通常の単層弾性塗料を塗装した場合（図9上）では，断熱材と木ずりとの間（③〜⑤）で水蒸気圧が飽和水蒸気圧を上回り，結露の発生が認められるのに対して，「ドリームコート」を塗装した場合（図9下）では，壁内の温度変化が緩和されて結露発生が大幅に抑制されることが確認された。これは「ドリームコート」の高い透湿性と，屋外の冷気を遮断した効果によるものと考えられる。

5.5　「ドリームコート」の躯体保護機能について

　通常，構造躯体（RC造）やラスモル壁は，塗装が施されているものの，断熱機能はなく，外部からの温度（熱）影響により，膨張・収縮の応力が壁材質へ直接かかる。このためクラック（ひび割れ）が発生して，躯体（壁）の耐久性と防水性が低下する。図10は夏冬の躯体表面の温度変化シミュレーションである。

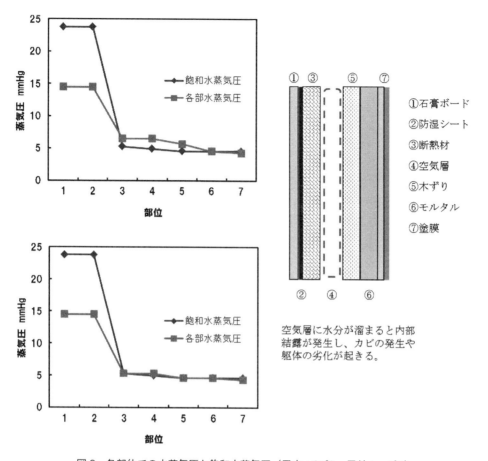

図9　各部位での水蒸気圧と飽和水蒸気圧（屋内：25℃，屋外：－5℃）
上：弊社単層弾性塗料，下：「ドリームコート」

　図10より「ドリームコート」を塗装すると，屋内での温度変化が無塗装に比べて小さく（上下の幅が狭く）なっている。また，無塗装の場合はモルタルの表面温度差が65℃に対して，「ドリームコート」を塗装したモルタル表面は温度差が56℃になり躯体への影響は小さくなる。

　クラックが発生すると水分が浸入するため，クラックが発生しても塗膜が追従すれば水分の浸入は防ぐことができる。図11は，一般単層弾性塗料と「ドリームコート」を，サンシャインウェザーメーターで促進劣化させた塗膜のゴム硬度を比較したものである。硬度が高いと塗膜が硬いことを示し，クラック追従性を失っていると考えられる。「ドリームコート」は，1,500時間経過後でも，一般単層弾性塗料の初期ゴム硬度と同等であることが確認された。以上のことより，「ドリームコート」は，躯体の保護機能を有する材質であるといえる。

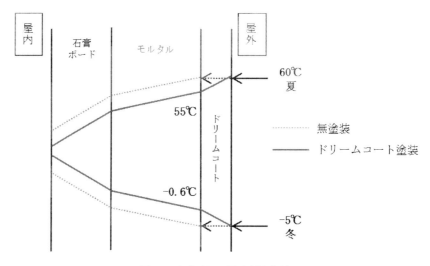

図10　躯体表面の温度緩和比較

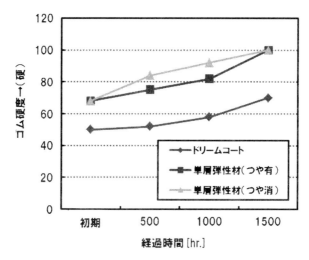

図11　サンシャインウェザーメーターによる促進耐久性
試験（ゴム硬度比較）

5.6　「ドリームコート」の塗装と仕上がりについて

　「ドリームコート」の塗装方法と標準塗装仕様を表2，表3に示す。標準のローラー塗装の他に，左官塗装具やタイルガンなどの吹きつけ仕様も可能である。

　「ドリームコート」はつや消しの仕上げ材であるが，つや有仕上げを求められる場合もある。その場合は，つや有の上塗りを2回塗装して仕上げる。

表2　塗装方法と仕上がり

塗装方法	塗装具	仕上がり
ローラー	多孔質ローラー	さざ波
左官	コテ，ヘラ	各種パターン
吹きつけ	タイルガン	高原模様

表3　ドリームコートの標準塗装仕様（改修向け）

工　程		材料名	工　法	所要量 (kg/m²)	塗回数	塗装間隔 (23℃)
1	下地調整	クラック，鉄筋の露出，漏水などの部分に適切な補修を施す。劣化塗膜をケレン工具（皮スキ，ワイヤーブラシ）で除去し，ホコリ，汚れ，チョーキング粉を高圧水洗で除去する。				
2	下塗り	エコカチオンシーラー 無希釈	ローラー	0.13	1	2時間以上 7日以内
3	上塗り 1回目	ドリームコート 希釈率：上水 0〜5%	多孔質 ローラー	0.7〜1.0	1	4時間以上 7日以内
4	上塗り 2回目	ドリームコート 希釈率：上水 0〜5%	多孔質 ローラー	0.7〜1.0	1	—

5.7　まとめ

　中空微粒子の塗料への応用として，弊社製品である「ドリームコート」を紹介した。「ドリームコート」は，有機中空微粒子を配合することで，低熱伝導率の塗膜を形成し，一般単層弾性塗料と同等以上の性能に加え，優れた断熱効果を有している。

　これからの循環型社会において，被塗物の保護や長寿命化（建物の産業廃棄物化を延長する意味も含む），住環境の快適化は重要であり，特に高齢化社会に配慮した住空間を提供していきたい。

文　　　献

1)　公益社団法人　住宅リフォーム・紛争処理支援センター資料
2)　村木ほか，建築仕上技術，**7**，57（1997）
3)　村木ほか，塗料の研究，**138**，66（2002）
4)　大村貴宏，ポリマーフロンティア21講演録シリーズ35，微粒子材料，p156（2013）

中空微粒子の合成と応用《普及版》　　　　　　　　　　　　(B1412)

2016 年 11 月 24 日　初　版　第 1 刷発行
2023 年 8 月 10 日　普及版　第 1 刷発行

　　　　　　監　修　藤　正督　　　　　　　　Printed in Japan
　　　　　　発行者　辻　賢司
　　　　　　発行所　株式会社シーエムシー出版
　　　　　　　　　　東京都千代田区神田錦町 1-17-1
　　　　　　　　　　電話 03 (3293) 2065
　　　　　　　　　　大阪市中央区内平野町 1-3-12
　　　　　　　　　　電話 06 (4794) 8234
　　　　　　　　　　https://www.cmcbooks.co.jp/

〔印刷　柴川美術印刷株式会社〕　　　　　　　　　　　©M.Fuji,2023

ISBN978-4-7813-1703-8 C3043　¥3000E